吴军
著

中信出版集团 | 北京

图书在版编目（CIP）数据

给孩子的科技史 / 吴军著. -- 北京：中信出版社，2021.8（2025.1重印）
ISBN 978-7-5217-3316-7

Ⅰ. ①给… Ⅱ. ①吴… Ⅲ. ①科学技术－技术史－世界－青少年读物 Ⅳ. ①N091-49

中国版本图书馆CIP数据核字(2021)第134015号

给孩子的科技史

著　　者：吴军
出版发行：中信出版集团股份有限公司
　　　　（北京市朝阳区东三环北路27号嘉铭中心　邮编　100020）
承 印 者：北京利丰雅高长城印刷有限公司

开　　本：787mm×1092mm　1/16　　印　　张：15.5　　字　　数：236千字
版　　次：2021年8月第1版　　印　　次：2025年1月第29次印刷
书　　号：ISBN 978-7-5217-3316-7
定　　价：69.00 元

给孩子的科技史

目录

第一章
黎明之前

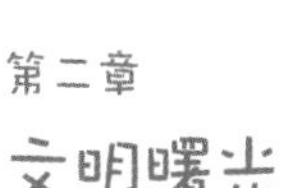

第二章
文明曙光

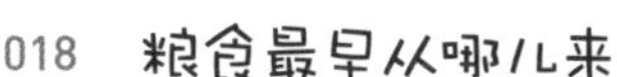

第三章
农耕文明

第四章
文明复兴

第五章
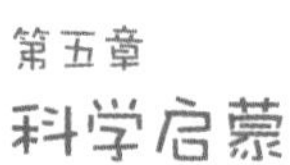
科学启蒙

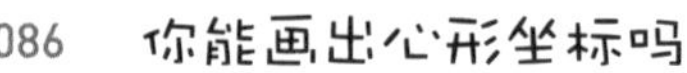

第六章

工业革命

第七章

新工业

第八章

原子时代

第九章

信息时代

第十章

未来世界

第一章

黎明之前

人类的科技并非凭空出现，它伴随着人类的历史一路发展。而人类的历史又从何时开始？

这是个难以精确回答的问题。作为地球上的一个物种，人类的演化是一个绵延不断的过程，并不存在黑白分明的分界线。而学界一般将大约在 20 万到 30 万年前现代智人的出现作为人类历史的开端。

如何了解人类历史

人类经历了漫长的**史前时期**，才过渡到**文明时期**。可是史前时期没有文字，我们要怎样了解那个时候的人类是如何生活和生存的呢？

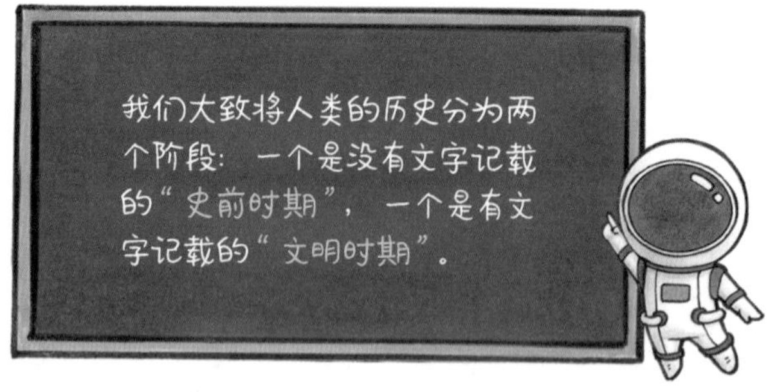

聪明的学者们有三种研究方法。

第一种比较常用，是利用远古人类留下的痕迹，比如人类的骨骼、猎物的骨骼、打猎用的工具、食物残渣、在岩洞中画的壁画等。此外，古气候学家重构了当时的气候环境，我们可以就此来推测当时人们的生活情况。

第二种相对特别，现在世界上依旧存在许多原始部落，考古学家和人类学家也曾通过考察这些原始部落来推演远古人类是怎样生活的。

第三种最新、最精准，是通过 DNA（脱氧核糖核酸）技术来研究。从现代智人出现的那一刻起，无论是人类的演化还是生存活动，都会留下痕迹，这些痕迹就是信息，而这些信息被一支无形的笔记录在人类的 DNA 里。研究人类历史，在一定程度上就是解码这些信息的过程。

从猿人到现代人

远古人类的科技同今天一样，都与衣食住行息息相关，本章我们通过上述方法和线索，以石器、火、居所、衣服、武器、语言等为例，初探黎明之前的科技雏形。

用石头砸开坚果

绝大多数动物只能靠自己身体的一部分来获取食物，比如锋利的爪子、长长的舌头、灵活的触手，而人类却拥有“附加技能”——人类是仅有的几种能够使用工具的动物之一。

石器的出现，对人类的发展特别重要，它是人类创造力的产物。我们

今天看那些石器，会觉得简单而粗糙，可那是人类当时仅有的工具，它帮助人类在和其他动物的竞争中胜出，并且让人类能做许多具有创造性的事情，比如剥兽皮制衣、获取兽骨、分食大型动物、砍树搭建住所，以及后来的耕作等。

早期，人类可能凑巧用**石头砸开过坚果**，或者打死了一些小动物，而随着时间的推进，人类越来越主动地使用石头来达到自己的目的，石头也逐渐成为一种简单的工具。过了很多代之后，人类发现石头上锋利的棱角可以划开动物的皮，还可以砍断小树，于是石头的用途变得更加广泛。又过了很多代之后，不知是谁，偶然发现摔碎的石头用起来更方便，于是聪明的人们开始把很大的石头摔碎，制造成自己需要的工具。今天，我们把这些人称为能人，意为能制造工具的人。

到了大约 20 万年前，石器的种类突然丰富起来，制作也更精良。那些石器的大小、形状和功能各不相同。

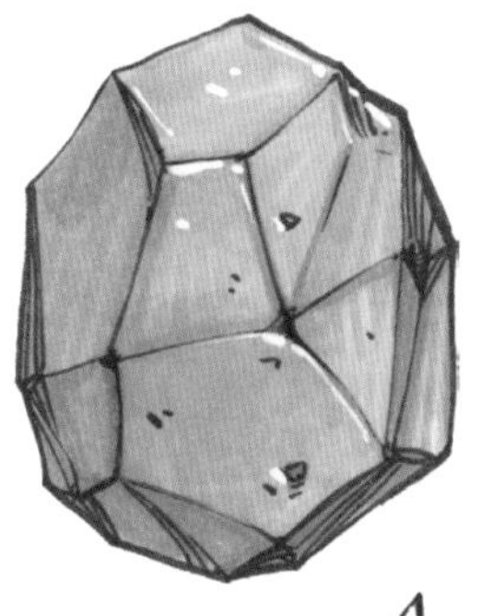

第一类被称为石核或石砍砸器，它最原始，个头也最大，作用有点像今天的锤子或者剁肉的刀。

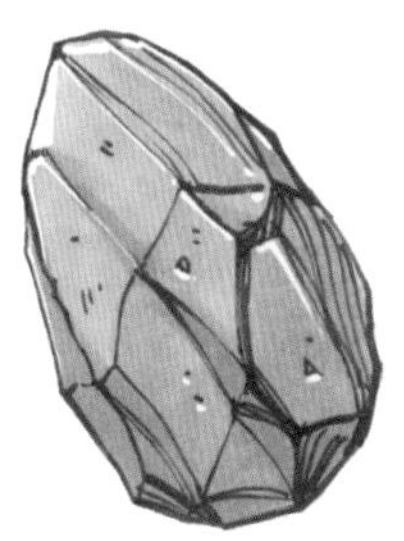

第二类是刮制石器，它比较厚，形状千差万别，已经有相当锋利的刀，有点像我们今天用的菜刀，但一般尺寸比一个手掌要小一些，这就是我们祖先早期使用的刀和武器。

第三类是尖状石器，它是在刮制石器的基础上，用石核轻轻砸制形成的类似梭形、更小巧锋利的工具，有点像后来的匕首。

与漫长的人类历史相比，文明的历史可要短暂多了。如果用时间类比，将现代智人 25 万年左右的历史压缩在一年之中，那么直到这一年的 12 月 15 日，人类都还在使用石器。

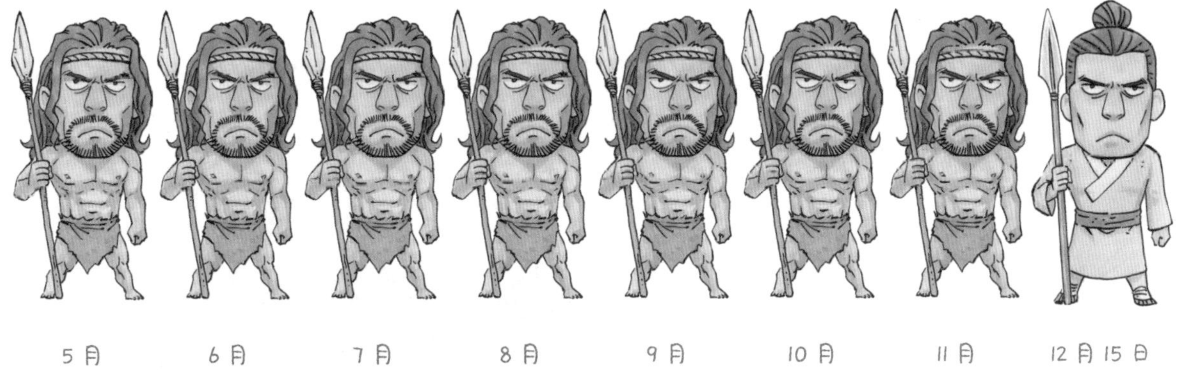

在今天看来，石器虽简单而粗糙，但是在当时，可是名副其实的“高科技”，它仿佛黑夜中的曙光，预示着人类文明的诞生。而照亮人类前路的，正是火的使用。

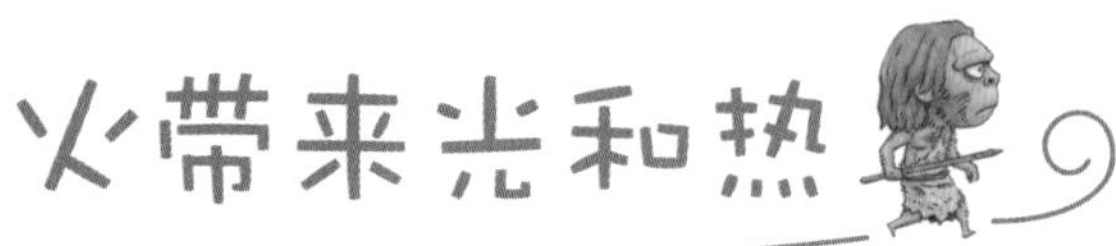

火带来光和热

人类最初掌控的光和热，来自火焰。在很长的时间里，人们都认为最早使用火的是距今已经 50 万年的北京猿人。但是 1981 年，在肯尼亚的一处山洞中，考古学家发现了 142 万年前原始人类使用火的证据。那时，人类才刚刚进化到直立人，比现代智人的历史还要早 100 多万年。

对原始人来说，火有三个主要用途：**取暖**、**驱赶野兽**和**烤熟肉食**。

取暖是火最直接的用途，火焰释放出光和热，让人类战胜寒冷与黑暗，陪伴他们走到世界的每一个角落。如果没有火，早期人类无法获得足够的能量而走出温暖的非洲。

驱赶野兽的简单意义是人类用火吓跑来犯的野兽，护卫自己部落的安全。而更有意义的是，人们还用火驱赶山洞中栖息的野兽，从而占据山洞居住。

天打雷劈不一定是做了坏事，
也可能只是为了烧烤

最初的火种是怎么得到的呢？学者们一般认为，是雷电导致的森林大火。但是所有的动物都害怕火焰，原始人类是如何克服对火的恐惧、带回火种的，今天仍然是一个谜。

至于火的第三个用途——烤熟肉食，人类开始使用它的时间其实非常晚。我们总说原始人类茹毛饮血，实际上，现代智人出现以前，原始人类主要靠采集为生，今天我们在非洲的近亲依然如此。现代智人出现以后，掌握了比较高超的捕猎技术，可以捕获大型猎物了，但事实上，这时候的人类已经使用火焰上百万年了。

烤熟肉类的意义不仅是好吃和卫生。在这以前，吃野果的原始人类每天都要花 10 个小时找食物、吃食物，吃饭都要这么久，哪里有精力长途迁徙或做更多的事情呢？吃烤肉大大缩短了人类进食的时间，另外，吃熟食的人类不再需要过分锋利的牙齿，这样，就可以留出空间给大脑。而熟肉的营养更容易吸收，人们获取能量的效率变得更高，也为大脑的演化提供了物质基础。

人类能演化出聪明的大脑，是基因、自身行为和外部环境三者共同作用的结果。火的使用，正是人类自身行为改变最主要的动因。

今天，我们花 1 元钱就能买一个打火机，取火这件事司空见惯，但是在当时，火也是人类跨时代的“高科技”发明。人类举着明亮的火把，开始了更大规模、更远距离的迁徙。

原始人类住在哪儿

人类最初是居住在山洞里的，可是要大规模地迁徙，就必须学会在离开山洞的情况下生存。广阔的平原上很少有山洞，为了栖身，找不到山洞的人类学会了“建房子”。在中国的古老传说里，有巢氏是最早建房子的人，而根据考古发现，最早搭建**茅屋**的人类是欧洲的海德堡人。海德堡人是早期猿人的一支，体力和智慧都比不上现代智人，他们所建造的茅屋位于法国的泰拉·阿玛塔，距今已经约 40 万年了。

八月秋高风怒号，卷我屋上三重茅

茅屋的出现，为人类的进步奠定了坚实的基础。虽然掌握了搭茅屋的技术，但在很长的时间里，人类还是更喜欢在山洞中居住，简易的茅屋只是被临时用来遮风挡雨。与宽大的山洞相比，就近搭建的茅屋也有显而易见的好处——可以更方便地工作。就像今天的人们，宁可在工作机会较多的城市中买房，也不想要偏远地区的大宅子一样。

渐渐地，茅屋搭得更坚固了，尤其是有了夯土的墙之后。坚实的茅屋不仅可以遮蔽风雨，还可以抵御野兽的侵袭，储藏生活用品。于是，人类开始在平原地区定居下来，一起定居的人多了，就有了大规模的聚落，正如现在的城市一般。

大规模群居不仅可以让人类的部落族群联合起来捕食大型动物，开垦土地，进行各种建设，而且让部落在和人类近亲的竞争中胜出。同时，人类变得有时间去从事觅食以外的活动，尤其是发明新的东西。

形成大规模的聚落是人类从史前文明过渡到早期文明的必要条件。同时，人类并未停止扩张的脚步，在向北进发的路上，等待他们的是寒冷的考验。

人类何时有衣穿

人类是什么时候开始穿衣服的？这个问题远比搞清楚火和工具的使用难得多，因为使用火和石制工具会留下很多线索，但是毛皮制成的“衣服”很容易腐烂，难以保存下来。

走出非洲，走向世界

距今 10 万年到 5 万年之间，**现代智人走出了非洲**，走向了世界，他们的后裔便是现在的我们。可那时候，正值地球小冰期（地球表面覆盖大规模冰川的地质时期），寒冷是世界的主旋律，祖先们在炎热的非洲

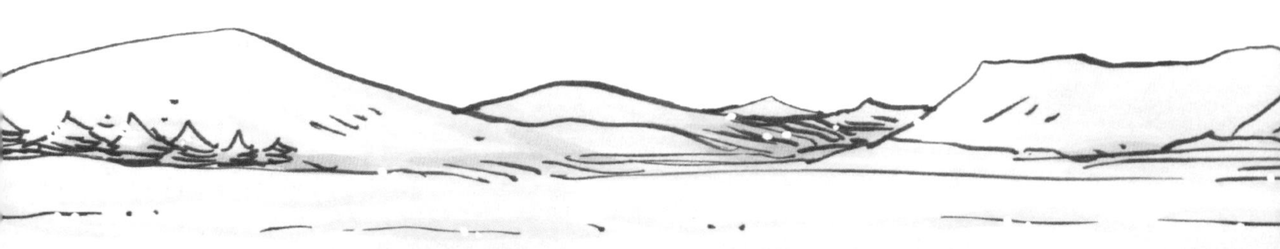

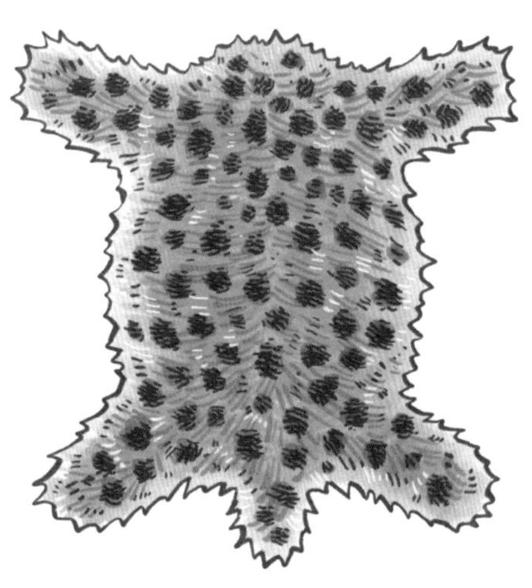

生活了几十万代，刚刚走出家门，就踏上了严寒的欧亚大陆。

天气实在太冷了，人类只好将**动物的毛皮**裹在身上保暖，这便形成了最初的“衣服”。存储了更多的能量，人们的活动范围也就更广了。

穿上这套豹纹，我就是这条街最靓的仔

破解人类何时穿上衣服这个谜题的并不是考古学家，而是一位遗传学家，他依靠的不是考古的证据，而是基因（决定生物性状的遗传因子）。

穿衣服与人类身体的一个变化息息相关，那就是褪去体毛。也就是说，如果我们知道人类什么时候褪去了体毛，就可以推断出衣服出现的时间。问题接踵而至，动物的毛皮难以保存，人类的毛皮也不例外，所以人类褪去体毛的时间就更难以知晓了。

友谊的开始，是我帮你抓虱子

在人类走出非洲后 2 万年左右，遥远而寒冷的西伯利亚就有了现代智人的足迹

科学家继续追寻，竟然从虱子（一种常寄生在人体和猪、牛等身体上的昆虫）身上找到了可能的答案。

1999 年的一天，德国遗传学家马克·斯托金拿到了一张便条，是儿子从学校带回的。便条上说，有学生的头上出现了虱子，要大家注意个人卫生。

普普通通的一句话却给这位科学家带来了灵感。

虱子是寄生虫，离开人体表面温暖的环境后活不过 24 小时。头上的虱子叫“**头虱**”，衣服上的虱子叫“**体虱**”，它们属于不同的种类，身体结构大相径庭。

当人类褪去满身的体毛时，虱子在人身上的活动范围就只剩下头发了，这就是头虱。在人类穿上衣服的同时，虱子也变异出新的种类，这就是体虱。我们只要掌握体虱出现的时间，不就可以推算出人类褪去体毛，也就是穿上衣服的大概时间了吗?

斯托金通过比较不同虱子的基因差异，根据虱子基因变异的速度，推算出了体虱出现的时间，也就是约 7.2 万年前（正负几千年）。有趣的是，这个时间点几乎就是现代智人走出非洲的时间。可见，现代智人是“盛装出行”周游世界的。

最早的武器

人类走出非洲时，寒冷只是他们面临的困难之一，在未知的大陆上行进，还要保证自身的安全。现代智人不仅要与**大型野兽搏斗**，还不得不与其他人类（主要是尼安德特人）竞争，无论狩猎还是防身，武器都变得尤为重要。

史前武器主要有两类：一类是刺杀型武器，比如**长矛**；另一类是投射型武器，比如**弓箭**和**标枪**。

我们熟知的刀剑是砍杀型武器，史前并不存在，因为史前人类往往要对付迅捷的猛兽，在远处发起攻击要比近身搏斗更有利。此外，史前人类并不掌握冶金术，即使他们想使用也造不出好用的刀剑。

实际上，在哥伦布发现美洲新大陆的时候，当地人使用的武器就是矛、标枪和弓箭。他们当时若能掌握冶金术，命运或许会有所不同。

吃我一矛！

还你一箭!

矛的历史相当久远，不仅是现代智人发明了矛，尼安德特人和海德堡人也都发明了矛。人类学家还观察到，今天非洲的黑猩猩也能用树枝戳水中的鱼。如果是你来做判断，这根叉鱼的树枝可以算作长矛吗？

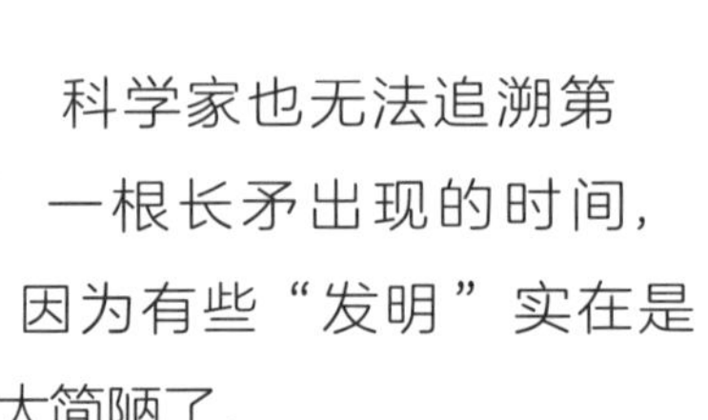

科学家也无法追溯第一根长矛出现的时间，因为有些“发明”实在是太简陋了。

在长矛的对抗中，尼安德特人赢了，他们更早定居在欧洲，身体和四肢都很粗壮，血液循环效率更高，也更适合生活在寒冷的地方。

13 万年至 11 万年前，现代智人曾经到达了欧洲，但仅仅手持长矛的他们并不是“地头蛇”尼安德特人的对手。

仅约 2 万年后，现代智人再次尝试走出非洲，这次他们带上了弓箭和标枪，这些在当时是最先进的武器，可以更有效地围猎和杀伤敌人。而尼安德特人的技术却停滞不前，他们自始至终都没有发明出远程攻击的武器，在第二轮的生存对决中，尼安德特人落败了。当然，环境的变化也是尼安德特人失败的原因之一。

然而研究发现，现代智人能够取胜可能不仅在于武器的先进，他们似乎掌握着一项更神奇的能力——语言。

学会说话有多重要

在人类利用能量的过程中，语言则是一种信息传递的利器，它使人类在激烈的竞争中远远甩开了所有对手。

人类区别于其他物种（包括我们的近亲）的根本之处在于大脑的结构略有不同，这种不同主要有两方面。

第一，人脑有多个思维中枢，比如处理语言文字的中枢、听觉的中枢以及和音乐艺术相关的中枢等，它们导致人类的想象力比较发达，特别是在幻想不存在的事物方面，这对于人类智力的发育非常重要。很多学者认为这是人类创造力的来源，也和后来人类的科技成就密切相关。

第二，人脑的沟通能力，特别是使用语言符号（比如文字）的沟通能力较强。尽管许多动物都可以通过听觉、触觉、味觉等与同类交流和分享信息，但是人类是唯一能够使用语言符号（文字）进行交流的生物。在语言和文字的基础上，人类还创造出复杂的表达系统（语法），这样不仅可以准确地交流信息和表达思想，还可以谈论我们没有见过的事情，比如幻觉和梦境。

有了语言能力，人类传递信息变得轻而易举，交流水平有了质的飞跃。

短短的一句话，却是完整的思想。人类可以将一大群人聚在一起，共同完成一件事。

语言能力的出现，并不意味着语言的诞生。最初的人类，或许只能像其他动物那样，通过发出含糊不清的声音来表达简单的意思，比如“呜呜”叫两声表示周围有危险，同伴“呀呀”地回答表示知道了。

随着人类活动范围的扩大，要处理的事情也变得更复杂了，语言也随之越来越丰富、越来越抽象。在信息交流中，人类经常对某些物体、数量和动作，用相同的音来表达，这便是概念和词语；当概念和词语足够多时，语言就自然而然地诞生了。

语言传递着更丰富的信息，也加速了人类文明的进步历程。

第二章

文明曙光

人类历史上有多次科技革命，第一次重大的科技革命就源于农业。从大约 1.2 万年前开始，农业成为早期文明地区赖以生存的基础。人们驯化谷物和家畜，发展水利工程技术，探索天文学和几何学，最初都是为了农业。比起狩猎和采集，农业可以创造足够多并且稳定的能量。当人们不必每天为吃饱肚子疲于奔命的时候，一些人便得以从食物生产工作中脱离出来，去做其他的事情。这些人可能是手工业者，也可能是社会管理者，甚至可能是专门研究知识的人，他们对文明的产生和发展至关重要。

粮食最早从哪儿来

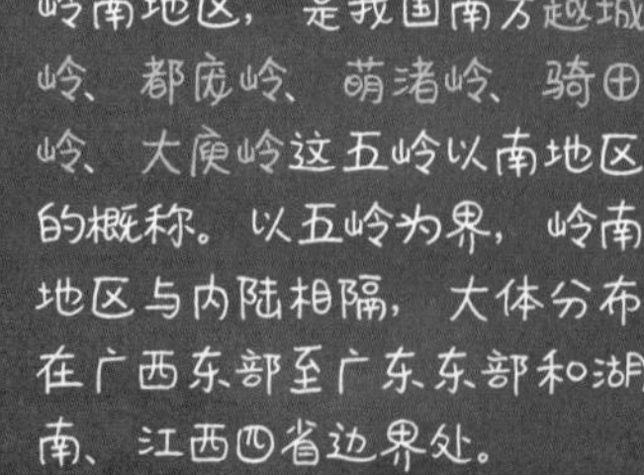

我们中国人的祖先经过了数万年的迁徙，最终定居在了黄河流域、长江流域和岭南地区。

长期以来，学者都认为，远古时期的岭南地区是很落后的，黄河与长江流域才是更加先进的文明中心。

但是从 20 世纪 90 年代开始，在珠江流域的考古发现改变了人们的看法。1993 年，考古学家在湖南道县（珠江中游地区）发现了最早的稻谷，这些古老的稻谷有着大约 10200 年的漫长历史。

大约 11300 年前，生活在今天土耳其南部的当地人开始驯化**小麦**，他们人工筛选出优质小麦的种子进行培育，经过几代的种植与选育之后，不仅比随意使用野生种子更高产，人们手中的种子与野生的种子之间也出现了很大的差异。

加工过的小麦，是我们今天吃的面食；
加工过的水稻，是我们今天吃的大米。

其实狗的驯化也是这样，当狗狗们脱离了残酷的野生环境，与人类一起快乐地生活后，它们就渐渐失去了其祖先灰狼（或者其他狼）的很多能力，回到野生环境中很难生存下去了。

人们培育出的小麦种子放回到自然界，也很难再与其他植物竞争，它们只能生长在人类开垦的田地里。这些植物需要人类，就如同人类需要它们一样。

这样的过程被称为植物的驯化。

水稻的驯化和小麦的驯化是不同的，尤其体现在如何增加产量上。

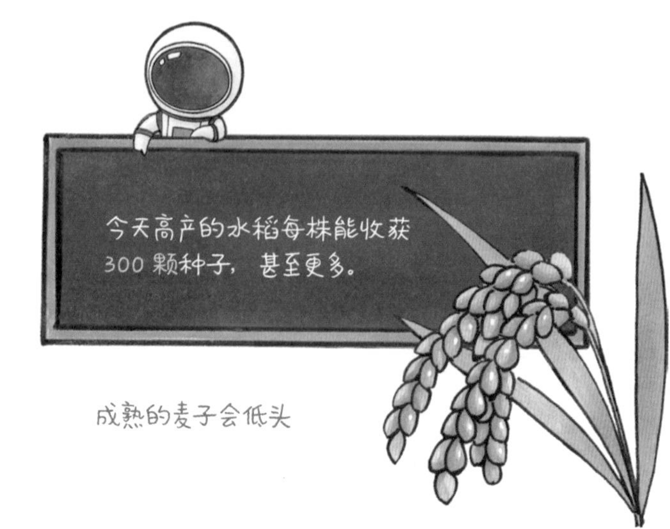

水稻的高产不只依靠筛选，中国人聪明的祖先还“发明”出了更神奇的方法。

野生的水稻生长在水里，产量并不高，与其他谷物没什么差别。但是，祖先发现了水稻与众不同的地方：如果在它将要成熟时突然把水放掉，为了传种接代，水稻会拼命长种子，而种子就是人们可以食用的稻谷了。

一株水稻会长出好几支稻穗，每支稻穗上可以长出几十颗种子，这样，一株水稻就可以收获上百颗种子。人们不断精进这项技术，水稻的产量自然就非常高了。

在中国人驯化水稻的时候，西亚人也用类似的方法驯化了**无花果**。

无花果树生长在地中海气候地区，是一种生命力极强、果实很多的植物。它的果实甘甜，而且容易保存，是非常好的能量来源，也是人类采摘的对象。

自然生长的无花果树果实虽多，但是果子很小，含糖量也比较低。不过人们发现，只要用合适的方法给无花果树剪枝，就能长出又大又甜的无花果。类似的技术，后来也被用在了种植葡萄等藤类浆果的时候。

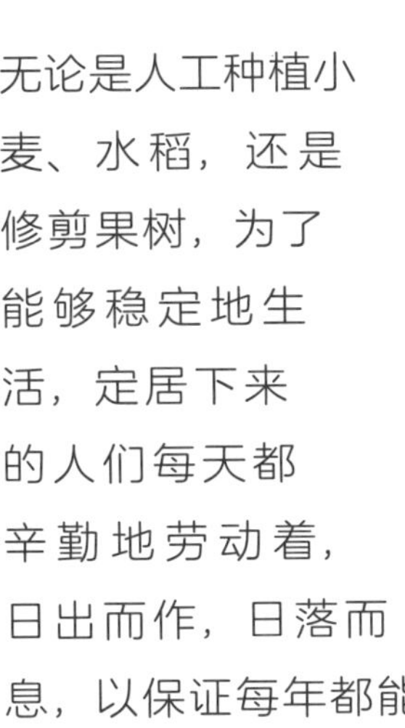

无论是人工种植小麦、水稻，还是修剪果树，为了能够稳定地生活，定居下来的人们每天都辛勤地劳动着，日出而作，日落而息，以保证每年都能收获足够多的能量，来维持部落的生存和发展。

偷偷尝尝，没人会发现吧。

人类驯化了农作物，似乎又被它们束缚在了同一片土地上。同时，人们的饮食方式也随之改变。

五花八门的陶器

我们的祖先“发明”了水稻种植技术，获得了高产的稻谷，但是接下来问题又出现了，硬硬的稻米要怎么吃呢？

今天的我们会脱口而出“用水煮饭呗”，但是在 10000 多年前，煮饭可不是一件容易的事，那时候，人们并没有可以煮饭的“锅”。

最早的容器，可能是一片芭蕉叶、一个瓢、一片木板或是贝壳，古巴比伦地区的人们甚至使用过鸵鸟蛋壳。这些天然的容器既不方便，也不耐用。苦恼的人们面对着火堆的余烬，不经意间发现了一些坚硬的碎片。人们无比惊喜，他们似乎第一次“创造”出了本不存在的事物。

早期的天然容器

这些偶然出现的碎片是由陶土高温加热后生成的。

然而，人类用了几十万年的时间，才完成从陶片到成形陶器的演化，看似简单的坛坛罐罐为什么经历了如此漫长的时间才被发明出来呢？

首先，远古的人们是没有见过陶器的，他们手上或许只有石头和贝壳，自然难以想象出陶器应该是什么样子，从 0 到 1 的时间有时比我们想象的更漫长。

其次，陶器的出现与人类的定居有很大的关系。在冰期的时候，人类还在不断**迁徙**，到了一个地方，就搭起帐篷，去附近寻找食物。一旦周遭的动植物吃完了，就要动身去往下一个地方了。如果每隔一段时间就要长途跋涉一次，怎么可

大自然的搬运工

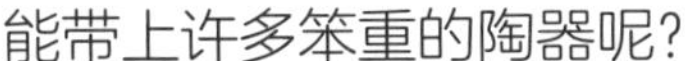

能带上许多笨重的陶器呢?

几百年前的游牧部落，也是更多使用轻便的皮制容器装水和酒，而不是用笨重的器皿。这也从另一个角度印证了，陶器的出现与稳定的居所有关系。

最后，陶器的出现还需要一个最重要的条件，就是拥有足够多的能量。烧陶需要很多木材，如果燃料贫乏，只够用于夜晚取暖，是不可能烧制出陶器的。此外，烧制陶器是既辛苦又耗时的事情，只有当人类无须每天为食物发愁时，才有闲暇的时间和足够的精力去烧制陶器。

随着人类不断进步，能量获取的效率在逐渐提高。到新石器时代的时候，人类已经广泛使用**陶器**了。

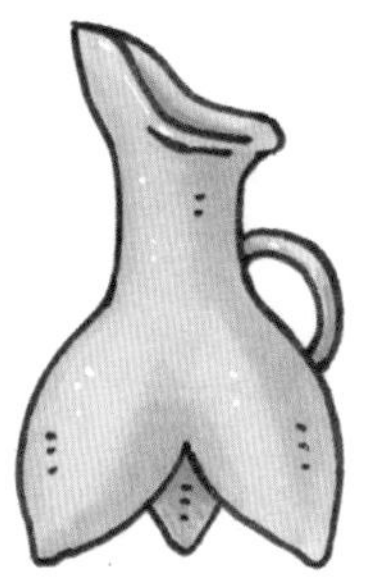

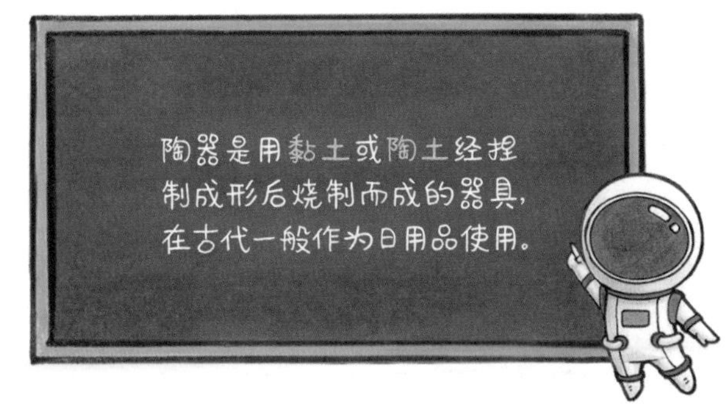

在发明了石制工具、武器和衣服等手工制品后，人类又发明出了陶器，它不仅改变了原有材料的物理形状，还通过化学反应，将一种材料变成了另一

可怜的原始陶瓷厂厂长

种模样。从科技的角度看，陶器意义重大。对祖先来说，陶器是定居后稳定生活的写照。然而，要想养活日益增加的人口，人类还面临着如何稳产与增产的难题。

灌溉系统让农田大丰收

人类开始定居的生活后，主要以耕作为生，如果农田没能及时产出足够的粮食，整个部落都要饿肚子了。

灌溉农田是丰收的基本条件，远古的文明都是诞生于大河流域。而每条河流都有它自己的脾气，处于不同大河流域的**古文明**，解决灌溉的方式也不相同。

在古埃及的尼罗河流域，尼罗河的洪水每年会泛滥一次，仿佛在定期滋润土壤，当洪水退去之后，尼罗河下游就自然而然地形成了大片肥沃的土地；耕种非常便利。

不同地域的环境有着天壤之别，当古埃及人享受着大自然眷顾的同时，诞生了古巴比伦文明的**美索不达米亚平原**上，农业生产却依赖着人力引水灌溉，因此，人类最早的水利工程应运而生。

今天西亚的气候过于干热，并不适合农业发展。在 10000 年前，那里的气候要比现在更温和，但那里降水量不大，靠雨水耕种是不可能的，好在底格里斯河与幼发拉底河的河水可以用于灌溉。于是从公元前 6000 年起，生活在那里的苏美尔人就开始修建水利设施以灌溉农田了，两河流域也成为最早孕育农业文明的摇篮。

现在我们依然能够在那个地区看到一些 5000 年前建造的灌溉系统，是迄今为止世界上发现得最早的大规模水利工程。

这些水利工程设计得颇为巧妙，苏美尔人在河边修建水渠引水，在水渠的另一头修建盆形的蓄水池，然后，再用类似水车的装置汲水灌溉周围的田地。

由于农业生产非常依赖水利灌溉，苏美尔的统治者总是强制

农民维护这些古老的水利工程，后来的统治者也十分重视这项工作，所以当地有些水利灌溉系统竟然使用了上千年，甚至至今仍在滋养这片土地，也让今天的我们得以窥见那些尘封在历史中的奥秘。

水利保障下的农业稳步发展，人口密度不断增加，新的需求呼之欲出。

原始的车船什么样

随着农业分工的深化，农业生产的效率不断提高，这促进了货物的交换，并渐渐发展起商业。而建立发达商业的前提是拥有良好的交通运输工具。早在公元前 3200 年左右，聪明的苏美尔人就做出了科技史上一项最重要的发明——**轮子**。

相同的条件下，滚动要比滑动省力得多，在石砾铺成的道路上，一匹马最多能驮 200 千克的货物行走，但哪怕仅仅使用粗劣的木轮马车（或是皮革作接触面），马都可以轻松拉动 1000 千克的货物快速奔跑，效率是原来的数倍。

苏美尔人不仅使用轮子和车辆，他们还发明了**帆船**，使水上交通不再随波逐流。

依靠车辆和帆船，苏美尔人拥有了水陆两栖的交通运输能力，他们沿幼发拉底河建立了众多商业殖民地。随着货物往来交换，他们的文化也逐渐影响到波斯、叙利亚、巴勒斯坦甚至埃及。

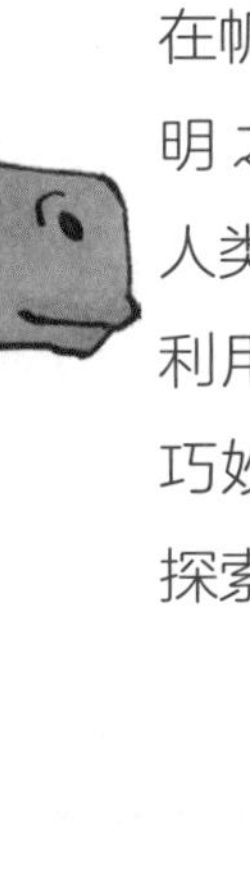

在帆船发明之前，人类只能利用人力和畜力；帆船的出现，象征着人类可以巧妙地借助大自然的力量了。他们御风远行，为探索大海的征程拉开了序幕。

阿拉伯数字是谁发明的

讲完了人类在史前的第一条线——与能量有关的科技成就，我们还需要讲一讲与信息相关的科技进步是如何帮助人类走入文明的。

农业带来了能量，越来越多的收获当然令祖先欣喜，却也让他们很苦恼：掰指头计数不够用了，怎样精确地告诉别人这堆稻谷究竟有多少呢？

农业发展带来的副产品便是数学的进步，尤其是早期几何学的出现。在这个基础上，又诞生了早期天文学。

数学是所有科学的基础，而数学的基础则是**计数**。

对今天的人来说，计数和识数几乎是本能一样简单的事情，小孩子也很容易知道 5 比 3 大，但远古的人类并不清楚这些，“5”是什么？“3”又是什么？

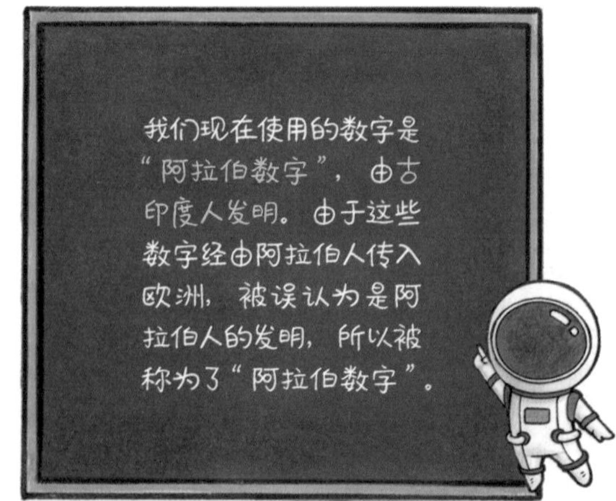

原始人没有数的概念，因为物资贫乏，他们也不懂大数字。著名物理学家伽莫夫（1904—1968）的《从一到无穷大》一书中讲了这样

一个故事：两个酋长打赌，谁说的数字大谁就赢了。结果一个酋长说了 3，另一个想了很久说：“你赢了。”

对酋长来说，超过 3 个就笼统地被称为“许多”了，至于 5 和 6 哪个更多，他们不常用，也不清楚。

进制，是进位计数制的简称。日常生活中我们最熟悉十进制，在计算机科学中往往使用二进制，而在古代的中西方，称量物品时都使用十六进制。

随着现代智人部族的扩大，人数越来越多，往往需要互相配合，这时候，总说“许多”是不行的。由于没有数字，他们必须借助工具，最直接的计数工具是人的 10 根手指。当数目超过 10 之后，可以再把脚趾用上，古老的玛雅人就是这么做的。

5+5=？

当手指和脚趾加起来也不够用的时候，**十进制**便应运而生了，用十位上的“1”代表十，这其实不难理解，因为我们人类长着 10 根手指，用十进制最方便，于是就有了 10、100、1000……如果我们人类长着 12 根手指，今天用的可能就是十二进制了。

20000 多年前的人只能将实物数量与刻度数量简单对应；进制出现后，人们便懂得了用更大一位的数字代替很多小的数字，这表明人类已经对乘法和数量单位有了简单的认识。

阿尔塔米拉洞窟岩画有风景草图和大型动物画像

在数字发明的同时，人类也开始用**图画记录信息**。1869 年，考古学家在西班牙坎塔布利亚自治区的阿尔塔米拉洞窟中发现了 17000—11000 年前的岩画，记录了当时人类的生活情况。

当然，如果所有事情都要画下来，对记录者来说过于麻烦了，为了方便记录信息，图画被逐渐简化成符号，每种简单的符号都代表一种意象，比如用波浪的符号代表水，用弯曲的符号代表月亮，这便是文字的雏形。

有了数字和文字雏形，人类传递信息就更方便了，也为发明准确传承知识的书写系统打下了基础。

好记性不如烂笔头

不断演变的文字

吃饭是人类在补充能量，而一天的大部分时间里，我们学习、工作或娱乐都是在与外界交换信息。人与人之间能够传递信息，是因为有语言和文字的存在，借助语言和文字，祖先也能跨越时空，将经验与知识传递给我们。

语言实现了知识的口口相传，但人的记忆会出错，掌握经验的人如果突然去世，他的经验也会失传。及时写下来就可以解决这些问题，文字的出现弥补了语言的不足。

文字不仅准确，还可以大范围传播。文字的出现不仅是文明开始的重要标志，而且大大加快了文明的进程。

同时代的传播称为横向传播，通过书写的文字将信息传递给其他人。比如，告诉 10 个人“一起狩猎吧”，就可以建立部落；而告诉 1000 个人“一起打仗吧”，就有可能建立城邦和国家。

不同时代的传播称为纵向传播，先人将知识和信息用文字记载下来传递给后人。这样，即使相隔成百上千年，后人也能了解到之前的知识和成就。

遥远的古希腊有许多科学著作，但都在中世纪的欧洲失传了。后来，欧洲的十字军东征阿拉伯地区，又偶然地从阿拉伯地区带回了这些书

时代在变，学习不变

籍。没有这些知识，就没有文艺复兴之后科学的大繁荣。

书写，让科技得以从先前的基础上一点一点进步，看到这些文字，我们才能了解过去几千年前发生的事情。我们了解 5000 年前的古埃及，却对美洲原住民 1000 年的历史知之甚少，因为那时的美洲没什么文字记载。这便是书写系统的重要性。

文字虽然大大加速了信息和知识的传递，却也让社会迅速地分化。在古代，虽然人们都会说话，但会读写文字的人却是少数。在近代教育普及之前，对文字掌握的程度，特别是书写能力的高低，常常决定了一个人能拥有多少知识和在社会中可以起到多大的作用。

“读书改变命运”，是一件贯穿古今的事情。

甲骨文
金文
小篆
隶书 日 月 車 馬
楷书 日 月 車 馬
草书
行书 日 月 車 馬

早期的天文学

我们形容一个读书人有学问，往往说他“上知天文，下知地理”。其实，对早期文明来说，农业的生产关乎生存的命脉，人们自然会绞尽脑汁保障和提升他们的收获，其中，天文正是重要的一环。于是，在农业发达的地区，就有了古代天文学最初的发展。

为了准确预测尼罗河洪水到来和退去的时间，当时的古埃及人开创了早期的天文学，制定了早期的历法，他们观测天狼星和太阳的相对位置，以此判断一年中的时间和节气。

古埃及人的历法中没有闰年，他们认为每年都是 365 天。实际上，真正的地球年要比 365 天多出 0.25 天，所以才有了每 4 年一次的闰年。

古埃及的大年（也称为天狼星周期）非常长，因为要再过 1460 个天文上的地球年（等同于 365×4+1=1461 个古埃及地球年），太阳和天狼星相对的位置才恢复原位。而一个古埃及地球年 =365 天，一个天文地球年 =365.24~365.25 天。1461 正好是地球上 4 年的天数，也就是说，古埃及人在 1460 个地球公转周期中（儒略年）加入了一整年，等同于每 4 年中加入一天产生一个闰年。

因此，如果按照古埃及历法的年份耕种，过不了几年节气就不对了。而太阳系由于远离天狼星，彼此的位置几乎固定不变，因此，地球在太阳轨道上每年转回到同一个位置时，所看到的远处的天狼星位置是相同的。古埃及人就用这种方法校正每年的农时。当太阳和天狼星一起升起的时候，则是古埃及一个大年（恒星年）的开始，然后古埃及人每年根据天狼星的位置决定农时。

古巴比伦人在天文学上的一大贡献是发明了天文学中坐标系统的雏形。他们把天空按照两个维度划分成很多区间。后来，古希腊人在此基础上发展出了纬度和经度，这源于古巴比伦人把圆周划分成 360 度。而除了天文学的研究需要，人类城市建设和农业生产的进步也孕育出了几何学。

几何学的起源

几何学也源于古埃及和美索不达米亚。大约在 6000—5000 年前，古埃及人逐步总结出有关各种几何形状长度、角度、面积、体积的度量和计算方法。在建造金字塔时，他们已经有了非常丰富的几何学知识。著名的胡夫金字塔留下了很多有意思的数字，表明古埃及人在 4500 多年前就掌握了**勾股定理**（毕达哥拉斯定理），可以把圆周率的计算误差精确到 0.1% 左右，并懂得了仰角正弦（和余弦）的计算方法。

勾股定理是指，在平面上的一个直角三角形中，两个直角边边长的平方加起来等于斜边边长的平方。中国古代称直角三角形为勾股形，直角边中较短者为勾，较长者为股，斜边为弦，所以这个定理被称为勾股定理。

等腰三角形顶点垂线平分底边

BO=CO

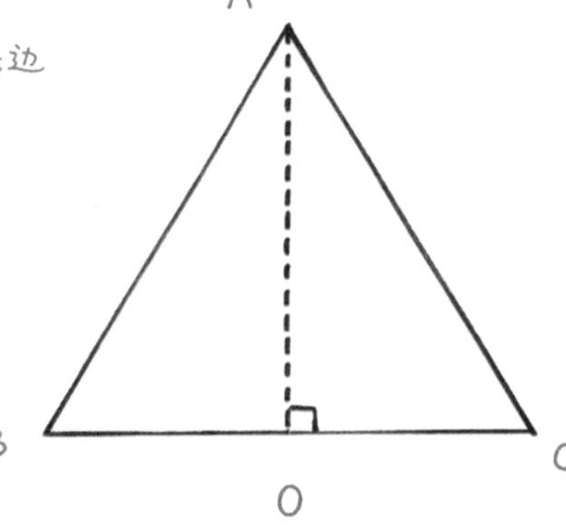

和古埃及同期发展起几何学的是古巴比伦王国。在他们留下来的大约 300 块泥板上，记载着各种几何图形的计算方法。比如在平面几何方面，他们掌握了各种正多边形边长与面积的关系。他们尤其对直角三角形和等腰三角形了解较多，并掌握了计算两者面积的方法。他们还知道相似直角三角形的对应边是成比例的，**等腰三角形**顶点垂线平分底边。古巴比伦人甚至计算出了 $\sqrt{2}$ 的近似值，虽然他们不知道这是一个无理数。另外，古巴比伦人已经了解了三角学知识，并且留下了三角函数表。在立体几何方面，他们已经知道各种**柱体的体积**等于底面积乘以高。

柱体体积也难不倒古巴比伦人

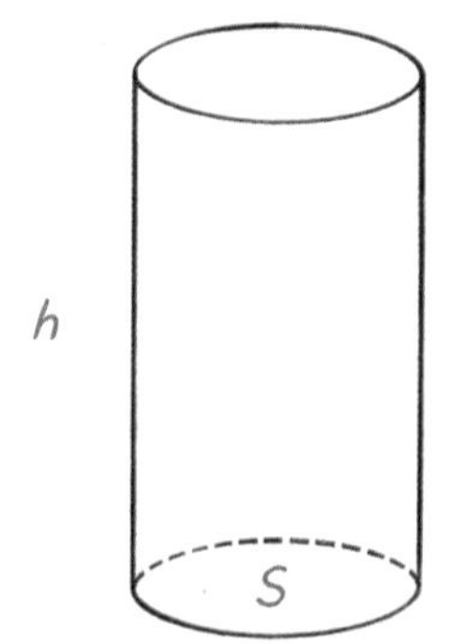

圆柱体体积 = 圆柱体底面积 × 高

这些早期的探索为后来几何学的发展奠定了基础。

人类的谋生技艺不断积累和进步，渐渐地，一部分人就可以养活所有人了。这时候，少数人就从体力劳动中解放出来，专门从事艺术、科学和宗教活动。

短期来看，这些人只是在无谓地消耗能量，但是从长远来讲，他们在科学研究方面取得的成就，特别是在天文学和几何学方面的成就，对农业生产以及后来的城市建设都有很大的帮助。

第三章

农耕文明

农耕为人类提供了稳定而丰沛的食物，当人口数量和密度达到一定规模的时候，城市就出现了。城市是手工业和商业的聚集地，快速推动了科技的进步——从舒适的衣服到宽敞的住所，从精美的饰物到精加工的食物。在这一章，我们就从粮食开始，看看哪些科技推动了城市的出现和发展。

吃不饱，怎么办

在农业时代，文明能否发展很依赖人口的多少。如果一个文明人口不到 100 万，那么，它可能就没有足够的人力去修建万里长城或金字塔，也无法掌握成熟的冶金技术。因为大部分人都被束缚在了土地上，只有很少比例的人在从事农业以外的工作，比如手工业和建筑业，而从事所谓科学和技术发明创造的人就更少了。

要维持较大基数的人口，生育从来不是问题，粮食却是大问题。要想多收获粮食，就需要更多的人，而更多的人就又需要吃更多的粮食，这似乎是一个自相矛盾的困局。唯一的解决方法就是提高农业技术水平。

假设原本一个人只能生产一堆粮食，当农耕水平本身或与农耕相关的技术水平提高后，一个人可以生产出两堆粮食了，这样，仅需少量的人劳动就可以养活所有人。

当这样的技术大量出现并促使农业生产迅速发展时，我们常常称之为“**农业革命**”。严格来讲，人类从史前至今发生了 4 次与农业相关的革命，我们这里要讲的是第二次农业革命。

第一次农业革命，是史前时期从采集到耕种的突破；第二次农业革命，是人类定居之后，金属农具的出现；第三次农业革命，是 17—19 世纪机械农具的出现；而第四次农业革命，是 19 世纪末到 20 世纪 60 年代，以大机械化、电气化和化肥化为代表的现代农业革命。

农业丰产离不开灌溉。早期的文明都靠近大河，有比较充足的水源，但是要想保持农业丰收，水利工程和灌溉依然必不可少。虽然最早的水利工程出现在美索不达米亚平原，但是对文明影响时间更长的，可能要数中国战国时期修建的郑国渠和都江堰了。

郑国渠的修建过程充满戏剧性。根据《史记·河渠书》的记载，在战国时期，弱小的韩国听说自己的邻居——强大的秦国要攻打自己，就想办法破坏秦国的攻打计划。

于是，韩国决定表面上帮助秦国，派出了一位名叫“郑国”的水利专家。郑国对秦王说，秦国很有必要开凿一条从泾水到洛水的引渠，将泾河水向东引到洛河，以灌溉田地。

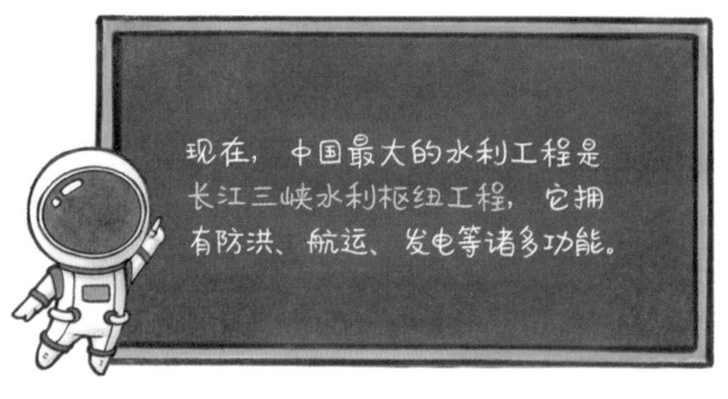

实际上，韩国打着自己的小算盘，这条引渠长达300多里，是十分浩大的工程，秦国若倾举国之力修建这项水利工程，就没有余力攻打韩国了。

然而，工程进行到一半，秦王就识破了这个阴谋，并想杀掉水利专家郑国。郑国似乎早就准备好了应答之词，说："我当初确实是奸细，但是渠若修成，对秦国确实有好处啊。"

秦王觉得他说得有道理，工程中止确实是个损失，就让他把渠修完。工程完成之后，灌溉了4万多顷田地，关中成为沃野，秦国也因此富强，最终吞并了六国。因此，秦国人将这条渠命名为郑国渠。

而中国历史上最著名的水利工程，当数战国时期李冰父子修建的**都江堰**。

都江堰成就了天府之国

公元前 316 年，秦国大将司马错灭了今四川的古蜀国，并且将那里设置为秦国的一个郡。不过，那时的四川可不是后来的天府之国，不仅经济文化落后，而且自然条件差，岷江经常泛滥。

公元前 256 年，也就是蜀国被秦国吞并的 60 年后，李冰任蜀郡太守。他和儿子设计并主持建造了后来举世闻名的都江堰。都江堰位于成都北部，将岷江从中间分成了内江和外江，具有通航、防洪和灌溉等综合功能，一举多得。

都江堰的建造体现了极高的工程技术水平，在当时的世界上首屈一指。它不仅让秦国有了足够的粮食征战四方，也成为中国历史上泽被千秋的民生工程，使用至今。

水利工程解决了旱与涝的难题，但想要丰产，还少不了农具和牲畜的力量。人类最早使用的农具是**挖掘棒**，其实就是一根头削尖了的棍子。在挖掘棒的基础上，木犁出现了，这是一种可以翻动土地的农具。

虽然我们看到的古代耕田图都是用牛或者马牵引犁耕地，但是最早拉犁的应该是人。然而，人力所能提供的动力非常有限。一个成年男子劳动一天，平均只能提供不到 0.1 马力的动力，而牛则可以长时间提供高达 0.5~0.6 马力的动力，于是，使用畜力（主要是牛）耕田成了丰收的保障。

人类使用畜力耕作的历史很长

早在10500年前甚至更早，生活在小亚细亚的人类就驯化了牛。虽然他们最初的目的是获得牛肉、牛奶和牛皮等，但后来人们发现，让强壮的牛来耕作要更加划算。从古埃及留下的耕田图来看，当时的古埃及人也都是使用牛作为动力的。

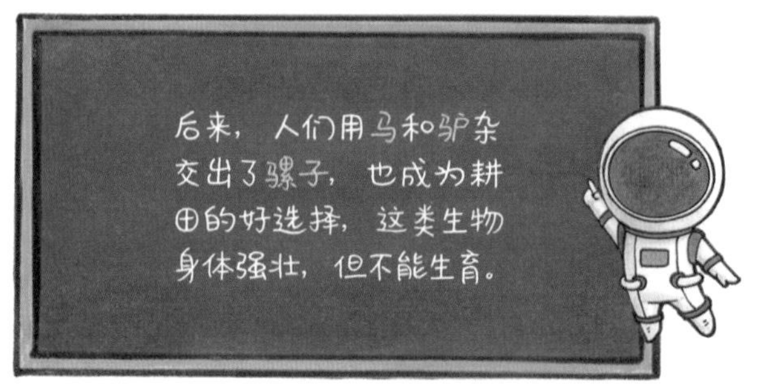

当然，人类的文明不仅需要动力，运输和战争的时候还需要速度。在将近6000年的时间里，马都是速度的代名词。在中东、伊朗高原和古埃及地区，马车最早是被用在军事上，可以让军队远途作战。不过当时被驯化的马数量有限，非常珍贵，所以一般不用来做体力活。

古埃及马车

要想在农业生产上长期发展并领先世界，必须在能量的获取和使用效率上处于领先地位。种植技术便是重要的一环。

如果你去过田间地头，一定会见到一排排高低起伏的垄，庄稼成排地种植在

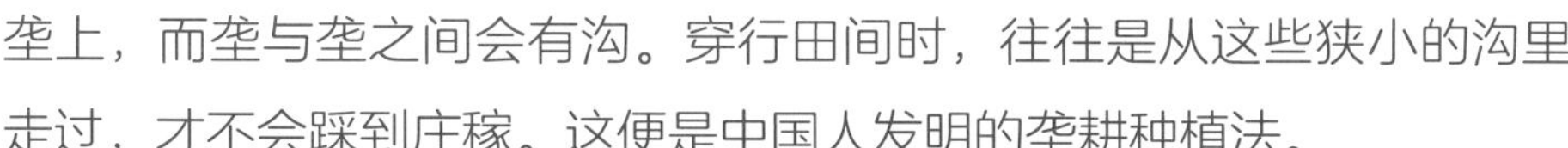

垄上，而垄与垄之间会有沟。穿行田间时，往往是从这些狭小的沟里走过，才不会踩到庄稼。这便是中国人发明的垄耕种植法。

流传了数千年的垄耕种植法有诸多好处。第一，这样种植整齐且有间距，庄稼之间不会互相争夺养分，便于吸收太阳光；第二，便于通行的同时也便于通风，庄稼成熟的时候会散发一些化学物质，淤积起来很容易导致腐烂；第三，田间管理比较省力，农民给庄稼除草和间苗时在沟里走，不会踩伤庄稼；第四，水往低处流，小沟便于灌溉和排水，省水省力；第五，在牲畜耕田的时候，走直线效率最高；第六，土地是需要休息的，收获庄稼以后，要用犁来翻土，形成垄的土自然而然被翻到了两边，这样，垄变成了沟，而原先的沟又变成了垄，下次种植在新垄上的时候，旧垄处的土地就可以短暂地休息了，就像拎着重物的我们轮换左右手一样。

种植技术的发展提升了单位土地面积的产量，而畜力的应用提升了每个人可以耕种的土地面积，一个人可以产出更多粮食，能量使用效率渐渐提高，文明就会向前发展。

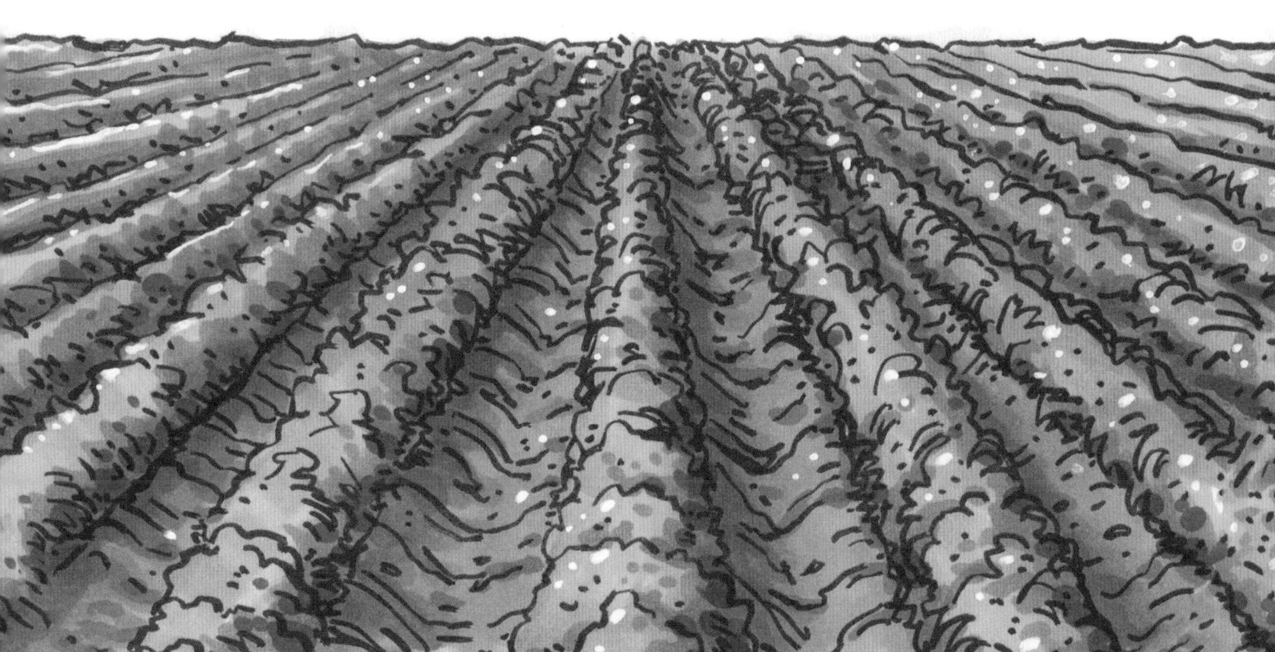

在农业文明初期，伴随着农业技术的发展，人类还掌握了另一项重要的技能——冶金技术。冶金技术的出现，既大幅提升了农耕效率，又推动了大规模的城市建设。

对早期文明的人们来说，冶炼金属是非常复杂且需要耗费大量人力、物力的事情。首先，人们需要一个靠谱的炉子，准备足够多的燃料，并且要有能力集聚这些能量，炉子的温度才能提高。其次，人们需要寻找矿石，开采矿石，还得具备把这些矿石运回来的能力。最后，人们需要掌握冶炼金属的技艺，知道应该将什么和什么放在一起，加热到什么程度。这些对古人来说，都是一个个等待攻克的难题。

除了天然的黄金，早期的金属器以铜制品为主，因为冶炼铜要达到的炉温相对比较低。当时的铜器分为两种：一种是黄铜，它的冶炼温度超过 900 摄氏度；另一种是我们熟悉的青铜，冶炼温度大概在 800 摄氏度，青铜更容易冶炼，也具有更好的强度。

所以，虽然黄铜出现得更早，但在人类进入文明后的很长时间里，青铜器却是人们使用的主要金属工具。当然，在历史上，青铜是非常贵重的，在早期只能做装饰品、礼器和贵族使用的器皿，后来才用于打造兵器。

在古老的商朝时期，中华文明就达到了青铜器制作的第一个高峰，从商朝流传下来的**后母戊鼎**（原称为司母戊鼎），制作水平不比后来的周朝时期差。同时期或稍早时候，古埃及也出土了各种青铜器，其中制作最好的是一批类似长号的铜制乐器，但从规模到水平，都比不上后母戊鼎。

后母戊鼎，
现存最重的商代青铜器

不过，在商朝，青铜非常珍贵，不能广泛用于武器制作，更不要说制作农具了。到了周朝之后，**青铜**才开始被大规模生产。春秋战国时期，青铜器作为普及的兵器，其制作水平已经达到了顶峰。

青铜器虽然好，但强度不如后来的铁器。冶铁比冶炼青铜难得多。首先，冶铁需要将炉温升高到 1300 摄

1965 年，湖北省荆州市出土了“春秋越王勾践剑”，剑首外翻卷成圆箍形，内铸间隔只有 0.2 毫米的 11 道同心圆，剑身上布满了规则的黑色菱形暗格花纹，正面近格处有鸟篆铭文，剑格正面镶有蓝色玻璃，背面镶有绿松石。这把精美的兵器代表了当时最高的青铜制作水平。

氏度以上，远高于冶炼青铜的难度。其次，冶铁的工艺很难掌握，材料配比过多或过少，或者没有控制好温度，都有可能炼出没用的铁渣，而不是有用的生铁。

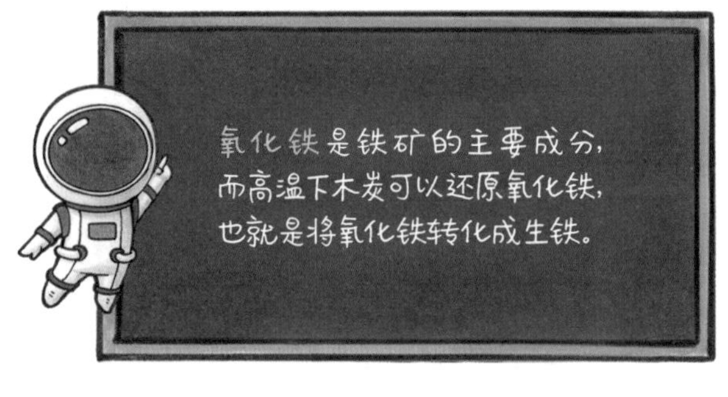

最早的**铁器**大约来自公元前 1800 年，生活在今天小亚细亚安纳托利亚地区（土耳其境内）的高加索人部落从矿石中炼出了铁，他们甚至制造出类似今天高碳钢的铁器，只不过数量非常稀少，对文明的作用微不足道。

一旦一个文明掌握了冶炼青铜甚至生铁的技术，就打开了新世界的大门，可以实现许多原来难以做到的事情，比如烧制出高质量的陶器和砖瓦。

冶金水平是早期文明程度的标尺，了解某个文明金属时代开始的时间，以及金属工具的普及程度，就可以推测这个文明开始的时间早晚与文明的发展水平。

解锁纺织技能

在进入农耕文明之后，人们提升耕种技术，兴建水利工程，掌握冶金术后又开发了新农具，农民的产出一天比一天多，甚至达到自身消耗的几倍到几十倍。同时，人们的需求也更加丰富起来，除了吃饱，人们还需要**穿暖**，社会分工就产生了，一部分人脱离粮食生产，专门从事其他行业，比如纺织业。

自从人类穿上衣服、褪去体毛之后，“服装”就成为人类生活的必需品。在告别了不够舒适的兽皮后，人类早期编织的服装是像编竹筐和凉席那样编出来的。而真正的纺织物则是通过纺织机器制作的。

大约在公元前 3500 年，美索不达米亚人开始用羊毛纺线织衣裳。大约在公元前 2700 年，中国人开始用蚕丝织丝绸制品。大约在公元前 2500 年，印度人和秘鲁的印第安人开始纺织棉布。

也就是说，在大约 4500 年前，发展比较先进地区的人们已经穿上各种纺织衣物了。

无论纺织用的是羊毛、蚕丝还是棉麻，从本质上讲，都是一次能量的转换。羊和蚕把所吃的能量变成了纤维，棉农通过耕种得到纤维，这些都要付出能量，而且转换的效率极低。因此，能制造多少纺织品，也体现了一个文明的整体水平。

我们知道，中国的丝绸举世闻名。在工业革命以前，中国的纺织业一直领先于世界，中国人不仅发明了养蚕和丝绸纺织技术，而且最早发明和使用了脚踏纺织机。

这当然得益于中国发达的农业，使得妇女可以有足够的时间专门纺织，实现“男耕女织”，从而使得中国的纺织产业规模很大。相比之下，欧洲中世纪的妇女要从事很多农牧业劳动，以及制作面包和酿酒等很多杂活，直到十字军东征之前，都没有规模太大的纺织业。

唧唧复唧唧

说到中国的纺织业，就必须提到对纺织做出巨大贡献的发明家**黄道婆**（约1245—？）。她生活在南宋末年到元朝初年的松江县（今上海市）。小时候由于家庭贫苦，她十多岁时被卖为童养媳，后不堪夫家虐待，随黄浦江海船逃到了崖州（今天的海南岛），并且在当地从黎族人那里学到了新的纺织技术。几年后，她回到故乡松江乌泥泾，制成一套扦、弹、纺、织的

黄道婆，“衣被天下”的女纺织家

编出来的衣服和织出来的衣服有什么区别呢?
简单说，是织毛衣和织布之间的差别。
纺织机制作出来的纵横交织的布料是织物的原料。
只有出现了纺织机，才能大规模地生产布料。

工具，提高了纺织效率，并且将技术教给当地妇女。从此，松江的纺织业发展起来，直到晚清，那里都是中国纺织业的中心。

人除了穿衣服还要吃饭，而盛器和容器在人类早期生活中也扮演着重要的角色。

瓷器与玻璃

我们在前面提过，陶器是最初的容器，但是陶器的缺点非常多，比如不密水、不耐火、容易破碎、笨重等。而银器和铜器等金属器又太昂贵，一般人家用不起。人类需要廉价且方便的容器，最终，中国人发明了**瓷器**，而中东和欧洲人发明了玻璃器皿。

瓷器在中国被发明有很多偶然因素，但又是必然的结果，因为**烧制瓷器**需要高岭土、足够的炉温和上釉技术，这些在古代只有中国具备。

瓷窑，精美的瓷器产生于这里

中国的上釉技术并不是从西方传来的，而是自己独立发明的。东汉末年，中国陶器的烧制温度普遍达到了 1100 摄氏度以上。在这个温度下，发生了一次意外。

在某一次烧窑过程中，熊熊的火焰将窑温提高到 1100 摄氏度以上，烧窑的柴火灰落到陶坯的表面，与炙热的高岭土发生化学反应，在高岭土陶坯的表面形成了一种釉面。这种上釉方法后来被称为自然上釉法。

自然上釉法得到的瓷器并不美观，但是窑主和陶工很快就发现，这种釉可以防止陶器渗水。然而，这种靠自然上釉得到彩陶的成品率实在太低。中国工匠的过人之处在于，他们很快找到了产生这种意外的原因——柴火灰溅到了高岭土的陶坯表面。既然柴火灰可以让陶坯包上一层釉，何不在烧制前主动将陶器浸泡在混有草木灰的石灰浆中呢？历史上虽没有记载哪一位陶工或者什么地区的人最先想到这个好办法，但是最终结果是，中国人发明了一种可控的上釉技术——草木灰上釉法。

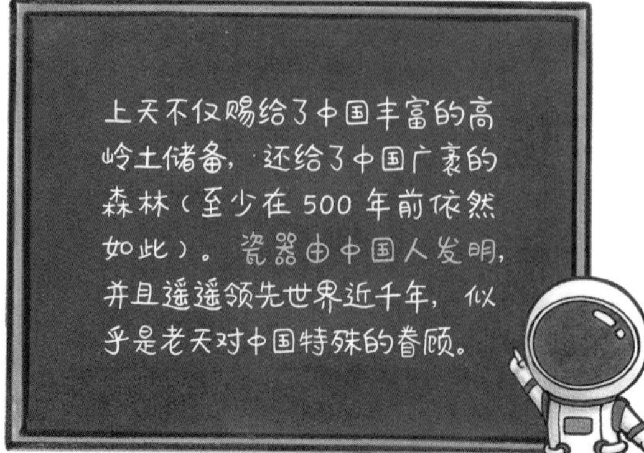

上天不仅赐给了中国丰富的高岭土储备，还给了中国广袤的森林（至少在 500 年前依然如此）。瓷器由中国人发明，并且遥遥领先世界近千年，似乎是老天对中国特殊的眷顾。

要一面吹一面旋转才能让玻璃成形

玻璃是由古巴比伦的工匠发明的，只不过最初的技术可能来自往返于沙漠的商人。他们发现，将沙子和苏打一起加热到 1000 摄氏度时，就会变成半透明的糊状物，当它冷却下来，就可以在物体表面形成一层光滑的釉状物，这就是**玻璃**。

玻璃属于青铜时代文明的产物，不需要很高的炉温，对能量总量的要求也比瓷器低很多。两者来做比较的话，瓷器的制作难度要高于玻璃。在古代，只有中国这样一个整体文明程度很高、植被覆盖丰富的地方，才有可能大量生产瓷器，而玻璃则出现在几乎每一个早期文明中心。

无论是玻璃还是陶瓷，后来都不仅仅作为容器使用了，陶瓷成为被广泛应用的材料，而玻璃制品成为科学实验必不可少的工具。它们是随文明诞生的产物，也是后来文明发展的助推器。玻璃和陶瓷的广泛应用，也正是城市兴盛的重要表现。

城市出现了

如果一个部族人口太少，力量就会十分薄弱，是很难改变周围环境的，更别说建造城市了。不足千人的部族，连一般的自然灾害都很难抵御，随时有可能面临灭顶之灾。当告别洞穴后，人类会选择什么样的环境聚集繁衍呢？

靠近水源、适合农耕的平原地带往往会率先出现人员聚集的村落，在那里，人们有了余粮，进而孕育出手工业和商业。社会的分工也越来越细，并且出现了社会阶层与管理组织，一些大的村落和聚居点便发展成了城市。

美索不达米亚的**乌鲁克**是迄今为止发现的最早的城市，位于幼发拉底河下游的东岸。在公元前 4500 年乌鲁克就有人居住，并且有了围墙。但是乌鲁克称得上城市则是在 1000 年后，即便如此，距今也已经有 5500 年。乌鲁克城规模并不大，早期的面积只有一平方千米左右，人口数千人，这个人口密度比今天的北京还要高。在乌鲁克繁荣的鼎盛

时期（公元前 2900 年），城市面积已经扩大到 6 平方千米，人口多达 5 万 ~8 万，这可能是当时世界上最大的城市。

城市出现的意义重大，因为伴随城市出现的是社会等级的划分，以及随后出现的政府。职业官吏和神职人员组成上层社会，他们统治着整个城市。而政府的雏形也已形成，它一边向平民征税，一边征用劳动力修建公共工程，为城市运转提供基础设施。

随着人们对城市的建设，新的建筑材料自然会被发明，比如水泥。虽然古埃及人发明了灰浆类的黏结剂，但是这种黏结剂的强度不够大，不足以支撑建设高大的宫殿房屋，因此，无论是**大金字塔**还是雅典的帕特农神庙，实际上都是“堆”成的或者“搭”成的，而非“砌”成的。到了古希腊后期或者古罗马时期，欧洲人才发明了古代真正意义上的水泥，它是用石灰和火山灰混合制成的，其强度和密水性与今天的水泥相当。

金字塔是“堆”出来的

水泥的发明和使用，让大规模、相对低成本地建造城市成为可能。今天，我们能够看到古罗马帝国的各个地区都保留下来大量公元前的

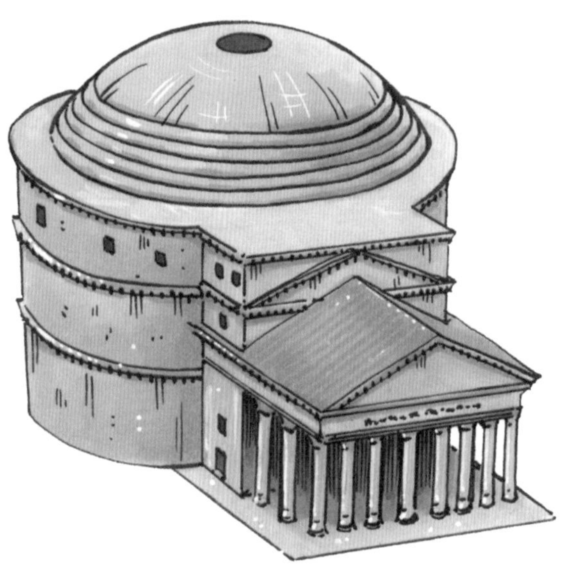
罗马万神殿

建筑遗迹，从**罗马万神殿**和竞技场，到法国的嘉德水道，再到小亚细亚的诸多圆形剧场，都要感谢水泥的发明和使用。

城市化是文明的标志，也是结果。只有当人类能够获取足够多的能量、养活大量的非农业人口时，城市化才能开始。而当城市出现之后，科技的发展，特别是科学的发展会得到加速。

城市承载着人们的希望，也孕育着人类的未来。

文明复兴

第四章

人类文明史上，科学与文化的发展有两段“高峰”时期：一是古希腊和古罗马文明时期，二是18世纪后工业革命至今。在这两个高峰之间，欧洲经历了中世纪的千年黑暗，科技一度处于停滞甚至衰退状态。

然而同一时期，在地球的东方，阿拉伯世界与中华文明圈正欣欣向荣，经济、文化和科技全面发展。科技从东方传到西方，宛如漫漫长夜后黎明的曙光，帮助欧洲再次繁荣起来。这才有了中世纪后的文艺复兴，以及后来的科学大发展。

古希腊人的贡献

科技离不开知识，在创造知识方面，古代早期的文明中，古希腊人的贡献最为突出。他们的科学成就是一个大体系，像一棵枝繁叶茂的大树，而其他早期文明的科学成就都零零散散，像一片片飘落的树叶。

古巴比伦人给古希腊人讲课

古希腊人的老师是美索不达米亚人，他们教会了古希腊人商业、书写和科学。美索不达米亚文明比较特别的是，一般的地区只有一个或少数几个民族建立文明，而美索不达米亚地区是由很多民族先后建立文明。

其中，新巴比伦人在科学上的成就最为突出，虽然他们统治美索不达米亚的时间不到 100 年，却创造了高度的文明。

新巴比伦人非常重视教育和科学，奠定了西方数学和天文学的基础。而古希腊人同样喜欢科学，并且从新巴比伦人那里学到了很多东西。因此，古希腊人称（新）巴比伦人为“智慧之母”。

然而，作为老师，新巴比伦人却缺乏思辨能力和抽象的**逻辑**推理能力，他们总结出了很多知识点，却没有将知识点串联在一起，发展出成熟的科学。而作为学生的古希腊人不仅学到了知识，还在这个基础上，从经验中提炼出理论。

逻辑学指表达判断的语言形式，由系词把主词和宾词联系而成。例如：“北京是中国的首都”“1 是一个自然数”。这样的句子就是命题。

古代的各个文明中，一旦发生神奇的自然现象，人们通常会用迷信或者超自然来解释，比如创造神话和英雄。而古希腊的**泰勒斯**是第一个提出了“什么是万物本原”这一哲学问题的人，他尝试用观察的方式和理性的思维来解释世界。

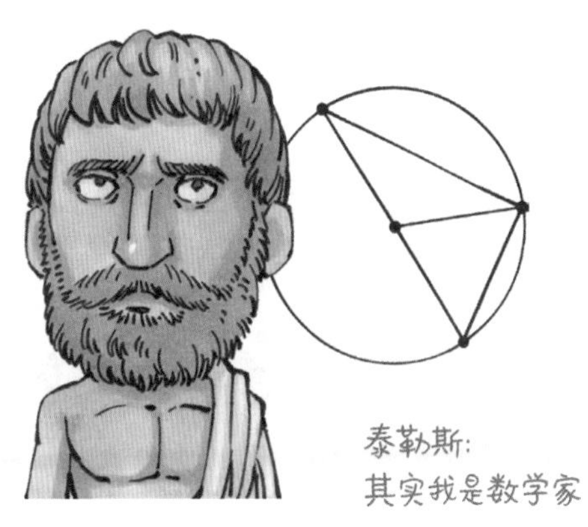

为了庆祝“毕达哥拉斯定理”的发现，古希腊人杀了100头牛

泰勒斯提出，在数学中要用逻辑来证明命题。通过各个命题之间的关系，古代数学才开始发展出严密的体系。正因为如此，泰勒斯被后人称为“科学哲学之父”。

对科学诞生的贡献更大的是**毕达哥拉斯**。他出身于古希腊一个富商家庭，从9岁开始就到处游学，先是在腓尼基人的殖民地学习数学、音乐和文学，然后又来到美索不达米亚地区，跟随泰勒斯等人学习各种知识，后来又远涉重洋，去古埃及的**神庙**做研究。

古埃及的神庙属于高等学府，类似于古代中国的太学。

中年之后，满腹经纶的毕达哥拉斯四处讲学，广收门徒，创立了毕达哥拉斯学派，将智慧的种子播撒到希腊文明的各个城邦。

毕达哥拉斯擅长哲学、音乐和数学。在数学上，毕达哥拉斯是最早将代数和几何统一起来的人，他通过逻辑推演得到数学结论，而不是依靠经验和测量，这是数学从**具体到抽象**的第一步。在几何学上，毕达哥拉斯最大的贡献在于证明了勾股定理，因此，这个定理在大多数国

从许多事物中，舍弃个别的、非本质的属性，抽出共同的、本质的属性，就是抽象，抽象是形成概念的必要手段。例如，我们生活中有各式各样的三角形，但如何定义三角形呢？我们可以用抽象的方式来概括：平面上三条直线所围成的图形就是平面三角形。

家都被称为“毕达哥拉斯定理”。

毕达哥拉斯学派在他死后持续繁荣了两个世纪之久，其学术思想深深影响了古希腊和后来西方的众多学者。

在古希腊时期，还有一位大师叫**欧几里得**，他总结了前人的几何学成果，并创立了基于公理化体系的几何学，写成了《几何原本》一书。欧几里得对数学的发展影响深远，后世数学的各个分支，都是建立在定义和**公理**基础之上的。

年轻人，我这里有一本《几何原本》，要不要看？

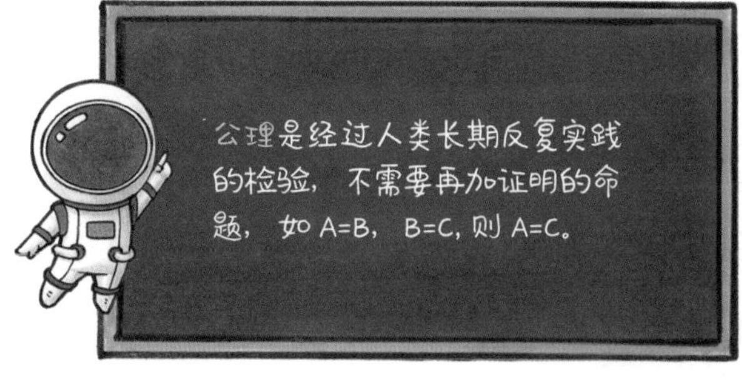

如果说毕达哥拉斯搭建了数学的基础，亚里士多德则搭建了自然科学的基础。他认为，自然科学是依靠观察和实验得出结论的。

亚里士多德是物理学的开山鼻祖，提出了我们耳熟能详的密度、温度、速度等众多概念。他最大的贡献还在于将科学具体分类。

在亚里士多德之前，自然科学被称作自然哲学。可见，科学与哲学是被混为一谈的。而亚里士多德超越了前辈，将过去的“哲学”分为三大类：第一类是理论的科学，也就是我们现在常说的理工科，比如数学、物理学等自然科学；第二类是实用的科学，也就是我们现在常说的文科，比如经济学、政治学、战略学和修辞写作；第三类是创造的

科学，比如诗歌、艺术等。

在古代的物理学家和数学家中，第一位“全才”应该是**阿基米德**。这位智者的故事有很多，我们最为熟悉的可能就是那句“给我一个支点，我就能撬动地球”。

这当然是一个比喻，阿基米德只是想说明，当**杠杆足够长**时，用很小的力量就能撬动很重的东西。公元前 287 年，阿基米德出生于西西里岛的叙拉古，在他出生前几千年，古埃及和美索不达米亚的工匠就开始在工程中使用杠杆和滑轮等简单机械了。在阿基米德时代，螺丝、滑轮、杠杆和齿轮等机械在生活中就已经很常见了。

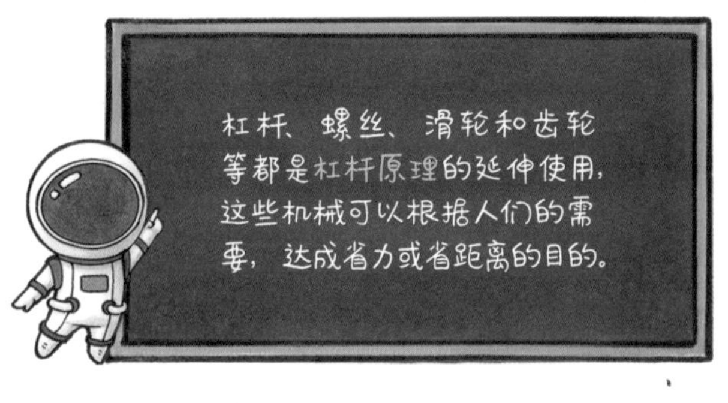

阿基米德发现了这些寻常的应用具有类似的特点，他总结出这些机械的原理，并且提出了力矩（力乘以**力臂**）的物理学概念。他最早认识到“杠杆两边力矩相等”

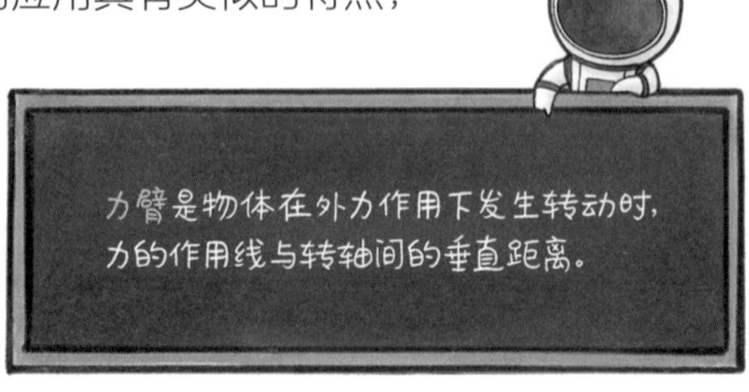

这一原理，并且用力矩的概念解释了杠杆可以省力的原理。

从这时起，这些“乍一想差不多是这样”的事情似乎变得可以计算了，这便是阿基米德的最大成就，他将数学引入了物理学，使物理学从定性研究升级到了定量研究。

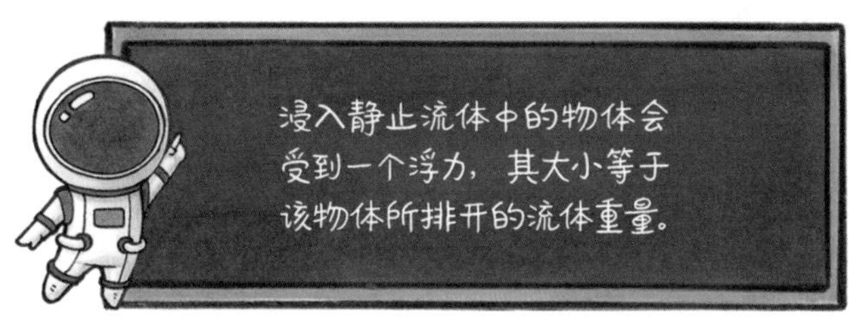

浮力定律也被称为“阿基米德”定律，因为他发现了浮力的计算方法。相传，叙拉古的国王打造了一个纯金的王冠，但这个疑神疑鬼的国王总觉得王冠不够金光闪耀，怀疑金匠在王冠中掺假，于是他请阿基米德帮忙验证。

阿基米德冥思苦想了几天，一直找不到好方法。有一天，他在洗澡时，发现自己坐进浴盆后，浴盆水位上升了，他占用了原来水所在的位置，也就是将水“排开”了。

阿基米德的脑子里冒出一个想法：“王冠排开的水量应该正好等于王冠的体积，所以只要把和王冠等重量的金子放到水里，测出排水的体积是否与王冠的体积相同，就能测出皇冠是否掺假。”想到这里，阿基米德不禁从浴盆中跳了出来，光着身子跑到王宫，高喊着“尤里卡”（“我发现了”）。

阿基米德身上还有一些离奇的故事。据传说，为了帮助埃及农民灌溉土地，他发明了**螺旋抽水机**，至今埃及农民仍在使用；在面对罗马入侵时，他召集叙拉古城的妇女，用多面**青铜镜聚焦阳光**，烧毁了大量敌军的帆船战舰。

聚焦阳光烧毁战舰

欧多克索斯观测星星

说起古希腊的科学，就一定要提及天文学。天文学并不是躺在草地上看星星，它需要综合运用几何学、代数学和物理学，反映了早期科学的最高成就。在希腊的古典时期，柏拉图总结了前人的天文学成就，他的学生**欧多克索斯**又在这个基础上继续探究和总结，尤其指出了需要建立一个能够计算**五大行星**运行轨迹的数学模型。

这里的五大行星，分别是水星、金星、火星、木星和土星。这里的“金木水火土”其实是中国人的命名方式，古代中国是讲究“五行”的。而在古希腊，这五大行星以神的名字来命名，分别是 Mercury，Venus，Mars，Jupiter，Saturn。

到了希腊化时期，古希腊的天文学又有了较大的发展，这在很大程度上要归功于天文学家和数学家喜帕恰斯发明的一种重要的数学工具——三角学。喜帕恰斯利用三角学原理，测出地球绕太阳一圈的时间是 365.24667（365.25 减去 1/300）天，和现在的测量结果只差 14 分钟；而月亮绕地球一周为 29.53058 天，也与今天估算的 29.53059 天十分接近，相差只有大约一秒钟。他还注意到，地球的公转轨迹并不是正圆，而是椭圆，夏至的时候离太阳稍远，冬至的时候离太阳稍近。

在喜帕恰斯去世后的两个世纪，罗马人统治了希腊文明所在的地区。古代世界最伟大的天文学家克罗狄斯·托勒密就生活在这里。

托勒密是“地心说”的创立者。地心说认为，地球居于宇宙中心静止不动，太阳、月球和其他星球都围绕地球运行。托勒密设计了一套复杂的运算方式，绘制了《实用天文表》，以便后人查阅日月星辰的位置。

古希腊人为世界文明的发展做出了不可磨灭的贡献，宛如最初点亮世界的星星之火。他们创造了科学，并且利用逻辑推理创造了很多新知识。在古希腊之后，人类科学史上的第一段高速发展时期就此落幕。而人类再次经历高速发展，则与造纸术和印刷术息息相关。

古希腊文明分为五个阶段：第一阶段是爱琴文明时代，又称克里特、迈锡尼文明时代（公元前 20－前 12 世纪）；第二阶段是荷马时代（公元前 11－前 9 世纪）；第三阶段是古风文明（公元前 8－前 6 世纪）；第四阶段是古典文明（公元前 5－前 4 世纪中期）；第五阶段是马其顿统治时代（公元前 4 世纪晚期到公元前 2 世纪中期），也称作希腊化时代。

地球绕着太阳转

纸张对文明有多重要

当掌握众多科技发明后，人类就要想办法把这些知识传播和传承下去，这就需要将科技成就完整地记录下来。人类早期，珍贵的知识只能口口相传，这样不仅传播得慢，还经常出错。人们只好再花很多时间重复之前的发明，这样科技就很难取得进步了。因此，记录和传播知识对文明的发展也十分重要，甚至不亚于创造知识。

最初的时候，人们在岩洞的墙壁上记录信息，这让我们能够看到人类在 10000 多年前的生活。接下来，人类又在石头、陶器或者龟壳兽骨上记录信息。虽然这样做能够让信息永久保存，但对祖先来说，这些承载物实在太贵了，而且不方便信息的记录和传播。

这时候，美索不达米亚的苏美尔人又站了出来，他们把胶泥拍成手掌大小的平板，在上面刻上图形和文字，然后晒干或者用火烧成陶片。胶泥随处可取，非常便宜，在上面刻写也不麻烦。因此，这种方式在美索不达米亚迅速普及。

没有学生能逃脱作业的魔爪，苏美尔人也不行

今天，我们依然能找到美索不达米亚各个时期留下的大量**泥板**，上面记录了各种各样的内容——从合同到账单，从教科书到学生的作业，

从史诗到音乐——这让我们能够了解到当时的社会和人们的生活。

与泥板这个“老爷爷”相比，纸张就像是个年幼的“小孩子”。人类使用纸张的历史不过 2000 年，但是泥板的历史可以追溯到公元前 9000 年，记录文字的历史也超过 5000 年。到大约 2000 年前，羊皮纸成了西亚和欧洲的主要记载工具，泥板才渐渐退出历史舞台。

泥板虽然便宜，但有两个致命的缺点——既不容易携带，又容易损坏。相比之下，古埃及人发明的**纸莎草纸**（papyrus）就要方便得多。

纸莎（suō）草
不读纸 shā 草哦

纸莎草纸虽然名字里有“纸”字，而且铺开确实像一张纸，但是它和今天的纸张是两回事。纸莎草纸更像中国古代编织的芦席，当然它很薄，便于携带。

纸莎草纸极其昂贵，一般只能用于记录重大事件和书写经卷。当使用纸莎草纸的时候，人们都要先打草稿，再誊抄上去，以免浪费。而普通的人家可不会用珍贵的纸莎草纸记录日常生活的事情。因此，古埃及人没能留下很多生活细节。而在美索不达米亚，因为泥板便宜，人们的日常生活则被记录了下来。

说起纸莎草纸，还有一段“国际政治”和“国际贸易”的故事。

公元前 300—前 200 年左右，小亚细亚的小国家**帕加马**（Pergamon，也译成佩加蒙）越来越繁荣，他们的国王欧迈尼斯二世热爱文化，听说地中海对岸有一座伟大的亚历山大图书馆，他也不甘示弱，决心与国民一同建造属于自己国家的图书馆，还立志要超过亚历山大图书馆。

当时的图书馆不仅要藏书，还要像大学和研究所，能够吸引人才。帕加马四处网罗人才，甚至跑到亚历山大图书馆去挖人。经过几代国王的努力，帕加马图书馆终于成为仅次于亚历山大图书馆的文化中心。

这一时期，古埃及文明正值托勒密王朝，他们的国王嫉妒帕加马的文化繁荣，决定釜底抽薪——禁止纸莎草纸出口。

繁荣的帕加马

那时候，只有古埃及人能够生产纸莎草纸，热爱文化的帕加马人不得不另想办法。他们发现，刚出生就夭折的羊羔和牛犊的皮，经过柔化处理，拿来写字，不但字迹清晰，而且经久耐磨，取放方便，于是就发明了**羊皮纸**。

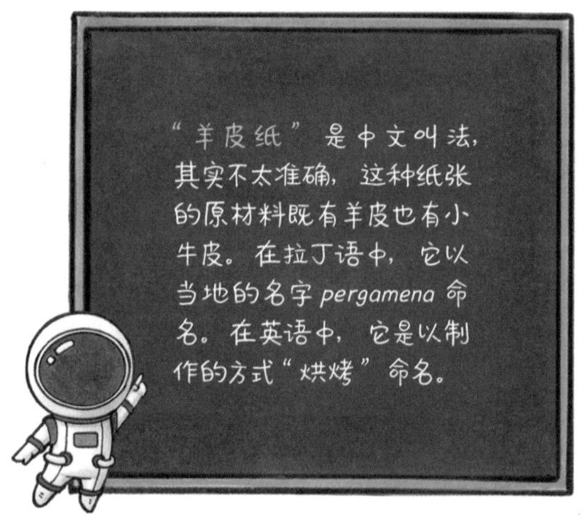

相比比较脆弱的纸莎草纸，羊皮纸有不少优点，比如非常结实，可以随意折叠弯曲，还可以两面写字，这就让图书从卷轴发展成册页书，如同在中国，纸张出现之后，图书也从一卷一卷的竹简（或木简）书，变成了一页一页的纸书。

虽然纸莎草纸与羊皮纸很早就出现了，但是因为这两种纸太贵了，一般人家都用不起，所以并没有大大提升知识的传播速度。在过去上千年里，全世界的知识和信息能被迅速传播、普及，要感谢1世纪的中国发明家**蔡伦**。蔡伦并不是第一个发明出纸张的人，在他生活的东汉时期，日常生活中也有垫油灯的纸，但不会用来书写。蔡伦厉害的地方，是发明出了大量生产廉价纸张的造纸术。从此，在纸张上书写不再是奢侈的事情，信息的传递变得简单起来。

蔡伦

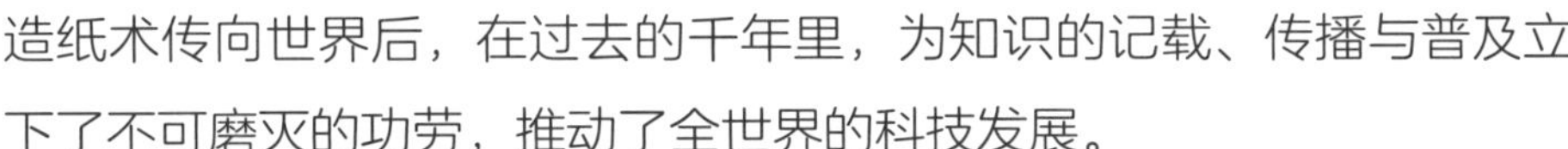

造纸术传向世界后，在过去的千年里，为知识的记载、传播与普及立下了不可磨灭的功劳，推动了全世界的科技发展。

正因为有了造纸术，从东汉末年到隋唐，虽然战乱不断，中华文化却在不断发展。相比之下，欧洲的情况就糟糕多了，在古罗马遭到毁灭以后，为数不多的藏书被焚毁，很多知识和技艺相继失传，于是，欧洲陷入了中世纪的千年黑暗。

在欧洲陷入黑暗期间，8 世纪的**阿拉伯帝国**正在崛起，在阿拉伯人与唐军交战时，俘获了一些随军的工匠，于是造纸术就传到了阿拉伯帝国的大马士革和巴格达，然后进入摩洛哥，在 11 世纪和 12 世纪经过西班牙和意大利传入欧洲。

阿拉伯人和骆驼将技术传递到世界

欧洲的十字军东征后，带回了许多阿拉伯文明的书籍，这些书籍里不仅有阿拉伯文明的知识，还保存着曾经被毁灭的古希腊文明的科技成就。欧洲人将这些著作重新翻译后，又借助造纸业进行传播，这才有了后来的文艺复兴与宗教改革。

每当造纸业出现大发展后，都会“恰好”发生重大的历史事件。这其实并不奇怪，文明的进程常常和知识的启蒙、普及有关，而知识的普及离不开廉价的纸张以及印刷的广泛使用。

从雕版印刷到活字印刷

造纸术让知识的传播变得简单，而印刷术则让传播的速度变得更快。

从人类最早的文字出现至今，大约 80% 的时间里，人们只能靠“抄书”传播知识，一本书被手工复制成两本、三本、四本……传播的速度非常慢。更糟糕的是，手工抄写很容易出错，筋疲力尽地抄到 100 本的时候，很可能与原著出现巨大的差别。

于是，印刷术应运而生。比起手抄，印刷又快又准确。

中国是最早发明印刷术的国家，在唐朝甚至更早的隋朝，中国人就发明出了雕版印刷术。所谓**雕版印刷**，是将文稿反转过来摊在平整的大木板上，固定好后，让工匠在木板上雕刻出反向文字，然后在雕版上刷上墨，将纸张压在雕版上，形成印刷品。一套雕版一般可以印几百张，这样书籍就能批量生产了。

不知是否巧合，雕版印刷术出现的时候，科举制度也诞生了。雕版印刷术的出现，使知识的普及变得更快。从隋唐开始，中国文化繁荣昌盛，并且在很长的时间里领先世界。

刻雕版

到了**宋朝**，印刷业已经非常发达，印刷书坊到处可见。比如在福建的建阳，出现了当时的书商一条街，著名理学家朱熹对此有很详细的记载，建阳书坊为朱熹与他的师友印刷了很多图书。

不过，雕版印刷存在着诸多缺点：它的模板并不耐用，在使用过程中很容易损坏，需要不断更换，这就限制了大量印刷的可能性。反着刻文字也不是一件容易的事，刻错一个字，整个板就会报废。最终，还是活字印刷术取代了雕版印刷术，并被列入中国的四大发明之一。

北宋时期的工匠毕昇发明了活字印刷术。北宋文人沈括在《梦溪笔谈》里面记载了毕昇的事迹，让他成为中国历史上为数不多留下名字的发明家。

毕昇的发明叫作**胶泥活字印刷术**，在当时是相当先进的，甚至是超越时代的。也正因如此，他发明的这项技术一直没有成为中国印刷业的主流。

想用活字印刷代替雕版印刷，并不是拍脑袋的事情，毕昇的活字印刷术也有自己的缺点。第一，烧制的胶泥活字其实并不是同样大小，而是存在着细微区别，这些小差异导致活字难以排列整齐，印出来的书不如

胶泥活字印版

雕版印刷的好看。第二，烧制出的活字类似陶器，受到压力后容易损毁，可能书还没印多少，活字就不能用了，不得不进行替换。第三，毕昇使用的活字是用手工雕刻，并非批量生产，因此，除非需要印刷很多种不同的书，否则活字印刷术的效率提升没那么明显。

这些问题没有得到解决，所以活字印刷术没有在中国普及。不过，几百年后，一位欧洲人也发明了活字印刷术，却改变了欧洲的历史，这个人就是约翰内斯·谷登堡。

首先，同造纸术类似，谷登堡最大的贡献并不在于发明活字本身，而是发明了一整套印刷设备，可以又快又便宜地使用活字大量印刷。其次，谷登堡还解决了活字大小不一的问题，他成功铸造出了式样完全相同的铅锡合金活字。这项技术不仅使排版非常整洁美观，也更有效率。此外，谷登堡还教会了许多徒弟，他们将印刷术推广到了全欧洲。这不仅让图书的数量迅速增加，而且重新开启了欧洲走向文明的道路，引领欧洲走出了黑暗的旧世界。随后而来的宗教改革和启蒙运动，也都和印刷术有关。

随着时代的发展，专业的知识传承与研究越来越重要。于是，大学走入了科技发展史。

大学的诞生

中世纪时，欧洲的王与中国的皇帝可不是一回事。他们的王权非常脆弱，地方的治安完全由大大小小的贵族和骑士把持。贵族往往是由血统决定的，不努力也照样享受权利，所以，他们既没有精力，也没有能力，更没有动力进行科学研究或者发展技术，这些人甚至自己就是不读书的文盲。

在中世纪搞科学研究的人是**教士**，只有他们有时间，且能看到仅存不多的书。然而，教士研究科学，仅仅是为了搞清楚上帝创造世界的奥秘，维护神的荣耀，并不是像古希腊文明那样去探求真理。

不过，人类对未知存在天生的好奇，虽然在黑暗笼罩下的中世纪，人们大多是愚昧的，但总还是有人不甘于此，希望了解从物质世界到精神世界的各种奥秘。他们喜欢聚在一起研究学问，**大学**就这样产生了。

世界上最早的大学是意大利的博洛尼亚大学（University of Bologna），它成立于 1088 年，并且在 1158 年成为第一个获得学术特权法令的大学。

继博洛尼亚大学之后，中欧和西欧相继出现了很多类似的大学，它们的规模都不大，一般只有几名教授和几十名学生。

1170 年，**巴黎大学**成立，它不仅是当时欧洲最著名的大学，后来还被誉为欧洲“大学之母”，因为著名的**牛津大学**和剑桥大学都是由它派生出来的。

公元 12 世纪时，英国虽然有人办学，但并没有好的大学，学者和年轻的学子要穿过英吉利海峡，到巴黎大学去读书。但是从 1167 年开始，英法间的关系变得糟糕了，巴黎开始驱赶英国人，巴黎大学也把很多英国学者和学生赶走了。

法国这样无礼，英国也针锋相对。国王亨利二世下令，禁止英国学生到巴黎求学。学者和学生虽被逐出了学校，但依然对知识保有热情。于是，他们跑到了伦敦郊外的一个小城牛津继续办学。

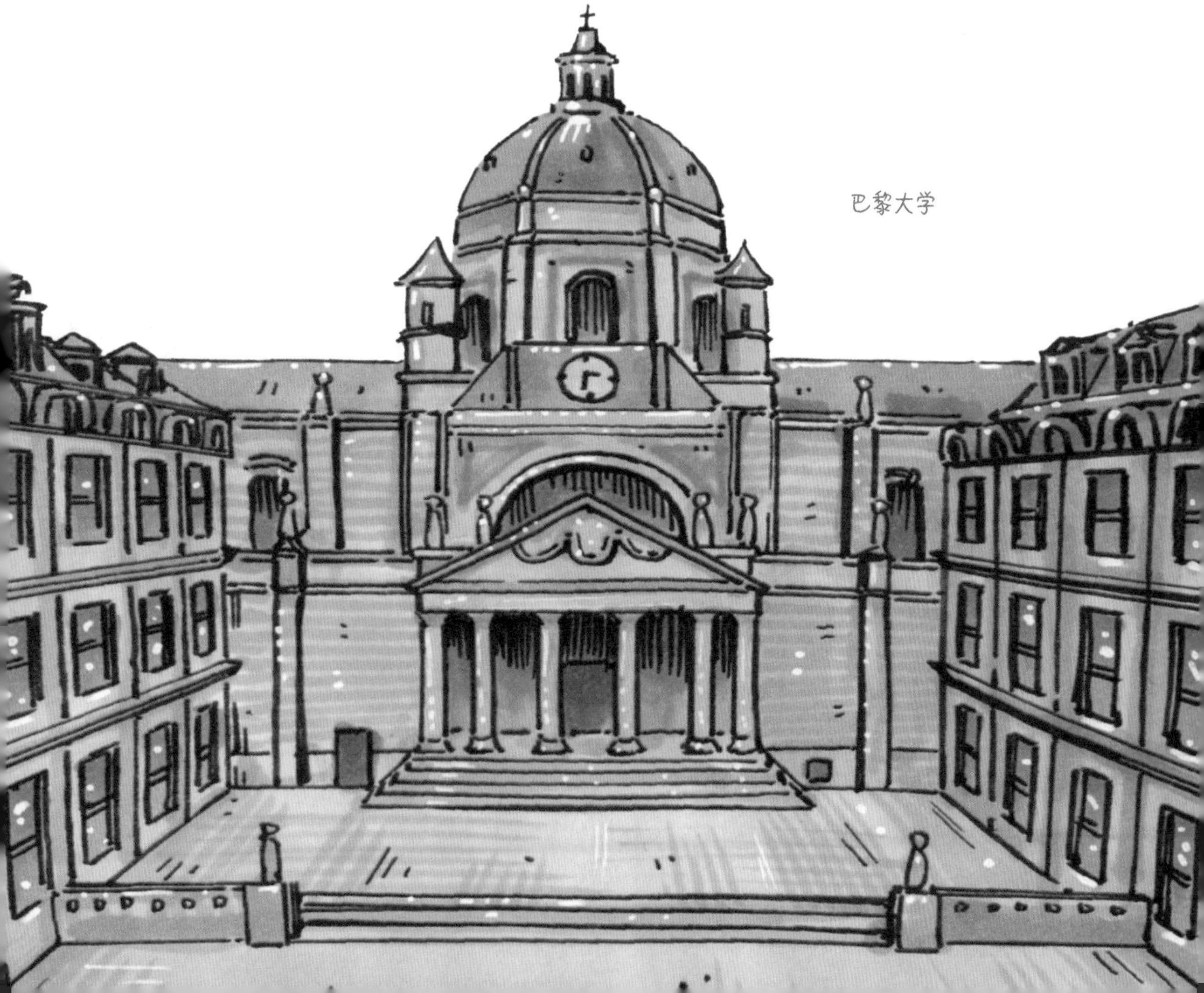

巴黎大学

牛津地区早就有学校，但还不算真正意义上的大学，直到有了这批从巴黎大学返回的教授和学生，才建立起了今天我们所知道的牛津大学。

好景不长，1209 年，牛津的大学生和当地居民发生冲突，一部分学生和教授离开牛津跑到剑桥，创办了后来的剑桥大学。

有趣的是，明明在那个年代，科学与宗教水火难容，牛津师生和当地居民的冲突，最终却是由教会调停，并得以平息的。

随着中世纪至暗时刻的结束，一场影响整个人类社会进程的文艺复兴悄然而至。

牛津大学

什么是文艺复兴

到了 14 世纪，漫长的**中世纪**终于结束了。当时，欧洲人的生活质量低下，大部分人都是平平淡淡地度过一生。虽然十字军东征在军事上以失败告终，但它给欧洲人带回了东方享乐型的生活方式。对物质生活的需求，引发了佛罗伦萨、米兰和热那亚地区资本主义的萌芽。暴发于 14 世纪中期的欧洲黑死病，使欧洲人口减少了 30%~60%，改变了欧洲的社会结构，使支配欧洲的罗马天主教的地位开始动摇。

中世纪末期（12、13 世纪），欧洲绝大部分地区受教权和王权的双重压制，让人喘不过气来。而佛罗伦萨则大不一样，主导城市的是商人团体，在他们的“管理”下，佛罗伦萨的发展日益繁荣。

文艺复兴（ 14—17 世纪 ）始于佛罗伦萨。欧洲人从各地赶往罗马，请求罗马教廷的帮助，而位于托斯卡纳地区阿尔诺河畔的佛罗伦萨小镇正处于通往罗马的必经之路上，因此发展起来。从中世纪后期直到文艺复兴结束，佛罗伦萨都是意大利文明乃至整个欧洲文明的标志。

佛罗伦萨所在的托斯卡纳地区气候温和，适合农业生产，而且交通便利。中世纪后期，这里的纺织业开始兴起，生产欧洲特有的呢绒。十字军东征后，佛罗伦萨人又从穆斯林那里学到了中国的抽丝和纺织技术，开始生产丝绸，于是佛罗伦萨渐渐富裕起来，影响力越来越大，

成了一个强大的城市共和国。佛罗伦萨的商人有了大量的金钱撑腰，不再做小商小贩，而成为富甲一方的社会名流。在社会地位提高之后，他们开始关注政治，提出自己的政治主张，在社会生活中发挥重要的作用，并最终成为城市的管理者。在佛罗伦萨，一个大家族从手工业起家，继而成为金融家，开始为教皇管理钱财，并最终成为佛罗伦萨的大公。这个家族叫作美第奇，是它催生了佛罗伦萨的文艺复兴。

提到文艺复兴，人们通常想到的是艺术，但它其实也是科技的复兴，这里面就有美第奇家族的直接贡献。虽然美第奇家族的人之前一直非常低调，始终保持着平民身份，但是到了**科西莫·美第奇**这一辈，这个家族开始走向前台。科西莫希望为佛罗伦萨做一件了不起的大事来增加他在民众中的影响力。早在幼年时期，他就在距家不远处一个一直没有完工的大教堂里玩耍。这座大教堂在科西莫出生前大约 100 年就开始修建了，但是一直没有完工。当时的佛罗伦萨人都是虔诚的天主教徒，他们要为上帝建一座空前雄伟的教堂，因此，规模建得特别大（完工时整个建筑长达 150 多米，主体建筑高达 110 多米）。但是修建这么大的教堂不仅超出了佛罗伦萨人的财力水平，而且超出了他们当时所掌握的工程技术水平。等到当地人用了 80 多年才修建好教堂四周的墙壁之后，他们才意识到，没有工匠知道如何修建它那巨大的屋顶。于是，这座没有屋顶的巨型建筑就留在那里了。

科西莫长大后，希望为这座大教堂装上屋顶，让这座有史以来最大的教堂成为荣耀其家族的纪念碑。可这谈何容易。虽然早在 1000 多年前古罗马人就掌握了修建大型圆拱屋顶的技术，并且修建了直径 40 多米、高 60 米的万神殿，但是这项技术在中世纪时失传了。所幸，一个偶然的机缘，科西莫找到了一些古希腊、古罗马时代留下的经卷和手稿，里面有很多机械和工程方面的图纸，以及各种文字描述。从此，科西莫不断搜集类似手稿。

圆屋顶就交给我吧!

接下来，他需要找到一个人，用古罗马人已经掌握的工程技术来设计和建造大教堂的屋顶。最终，科西莫发现了这样一个天才，他叫**布鲁内莱斯基**。在科西莫的资助下，布鲁内莱斯基开始采用古罗马万神殿的拱顶技术建造大教堂的顶部。经过共同努力，大教堂的拱顶终于完工了，前后花了长达 16 年的时间。从 1296 年铺设这座大教堂的第一块基石开始算起，到 1436 年整个教堂完工，前后历时 140 年。在教堂落成的那一天，佛罗伦萨的市民潮水般涌向市政广场，向站在广场旁边的乌菲兹宫（今天的乌菲兹博物馆）顶楼的科西莫祝贺。这座教堂不仅是当时最大的教堂，也是文艺复兴时期的第一个标志性建筑，教皇欧金尼乌斯四世亲自主持了落成典礼。这座教堂以圣母的名字命名，现在中文把它译作“圣母百花大教堂”。但是，在佛罗伦萨，它有一个更通俗的名字——Duomo，意思是圆屋顶。科西莫和布鲁内莱斯基用“复兴”这个词来形容这座大教堂，因为它标志着复兴了古希腊、古罗马时代的文明。

布鲁内莱斯基是西方近代建筑学的鼻祖，他发明（和再发明）了很多建筑技术。几十年后，米开朗琪罗为梵蒂冈的圣彼得大教堂设计了和

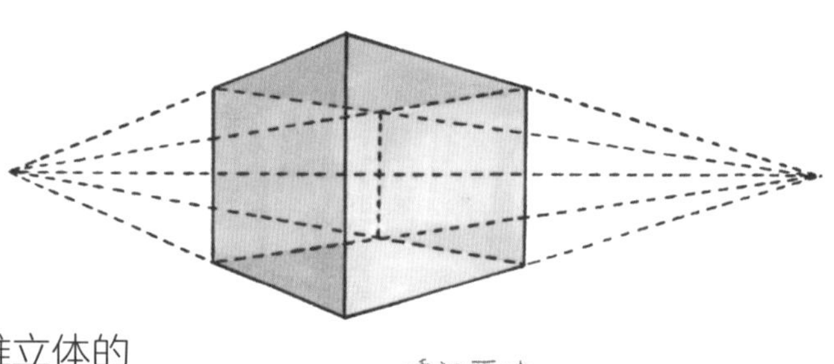

透视画法

圣母百花大教堂类似的拱顶，这样的大圆顶建筑后来遍布全欧洲。布鲁内莱斯基还发明了在二维平面上表现三维立体的**透视画法**，今天的西洋绘画和绘制建筑草图都采用这种画法。

从科西莫开始，美第奇家族的历代成员都出巨资供养学者、建筑师和艺术家。他的孙子洛伦佐·美第奇后来资助了米开朗琪罗和达·芬奇，而洛伦佐·美第奇的后代则资助并保护了伽利略。如果没有这个家族，不仅佛罗伦萨在世界历史上不会留下痕迹，就连欧洲的文艺复兴也要晚很多年，而且形态和历史上的文艺复兴也会不一样。

科西莫开创了一个新时代，科学、文化和艺术从此在意大利乃至欧洲开始复兴。同时，人文主义的曙光开始出现。

圣母百花大教堂

日心说突出重围

文艺复兴之后，出现了科学史上第一个震惊世界的成果——**日心说**。

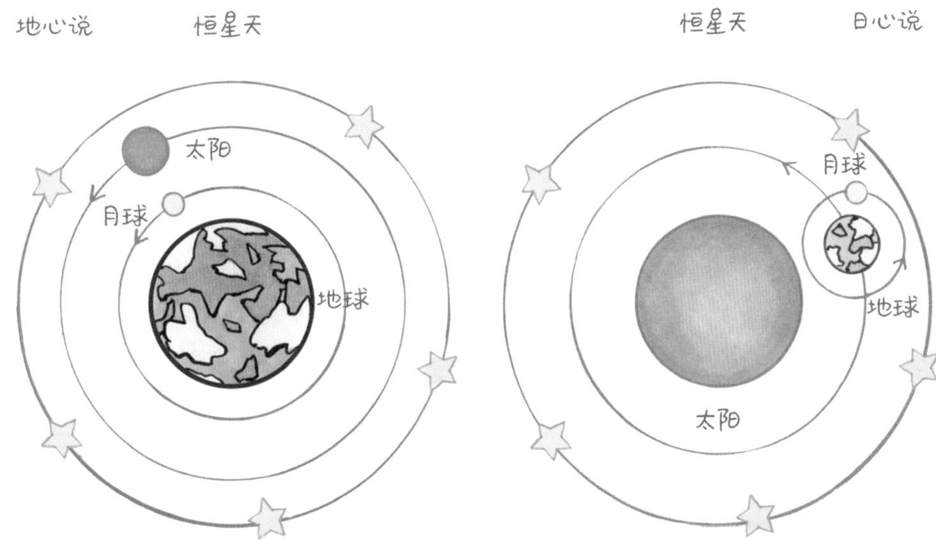

哥白尼侍奉着神，却信服真理

以托勒密地心说为基础的儒略历经过了 1300 多年的误差累积，已经和地球围绕太阳运动的实际情况差出了 10 天左右，用它指导农时经常会误事。因此，制定新的历法迫在眉睫。1543 年，波兰教士**哥白尼**发表的《天体运行论》提出了日心说。虽然早在公元前 300 多年，古希腊哲学家阿利斯塔克就已经提到日心说的猜想，但是建立起完整的日心说数学模型的是哥白尼。

作为一名神职人员，哥白尼非常清楚，他的学说对当时已经认定地球是宇宙中心的天主教来说，无疑是一颗重磅炸弹。因此，他直到去世前才将自己的著作发表。然而，这在当时并没有引起什么轩然大波，直到半个多世纪后。

因为，一位意大利神父迫使教会不得不在日心说和地心说之间做出选择，他就是乔尔达诺·布鲁诺。在中国，布鲁诺因为多次出现在中学课本中而家喻户晓，他因支持日心说而被教会处以火刑，并且成了坚持真理的化身。虽然上述都是事实，但是这几件事加在一起并不足以说明“因为教会反动，反对日心说，于是处死了坚持日心说的布鲁诺”。真相是，布鲁诺因为泛神论触犯了教会，同时到处揭露教会的丑闻，最终被作为异端处死。而布鲁诺宣扬泛神论的工具则是哥白尼的日心说，这样，日心说也就连带被禁止了。

应该说，布鲁诺是一个很好的讲演者，否则教会不会那么惧怕他。但是，科学理论的确立靠的不是口才，而是事实，因此，布鲁诺对日心说的确立没有起到多大作用。

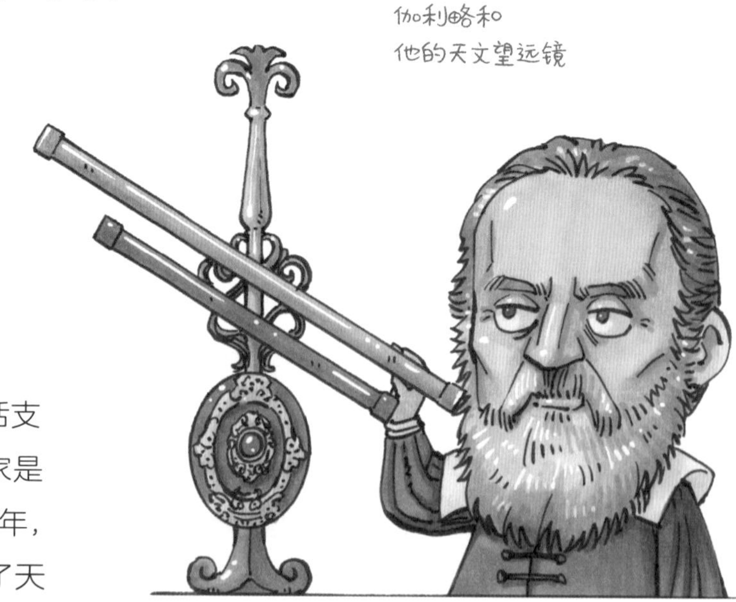
伽利略和
他的天文望远镜

第一个拿事实说话支持日心说的科学家是**伽利略**。1609 年，伽利略自己制作了天

忽远忽近、若即若离的行星轨道

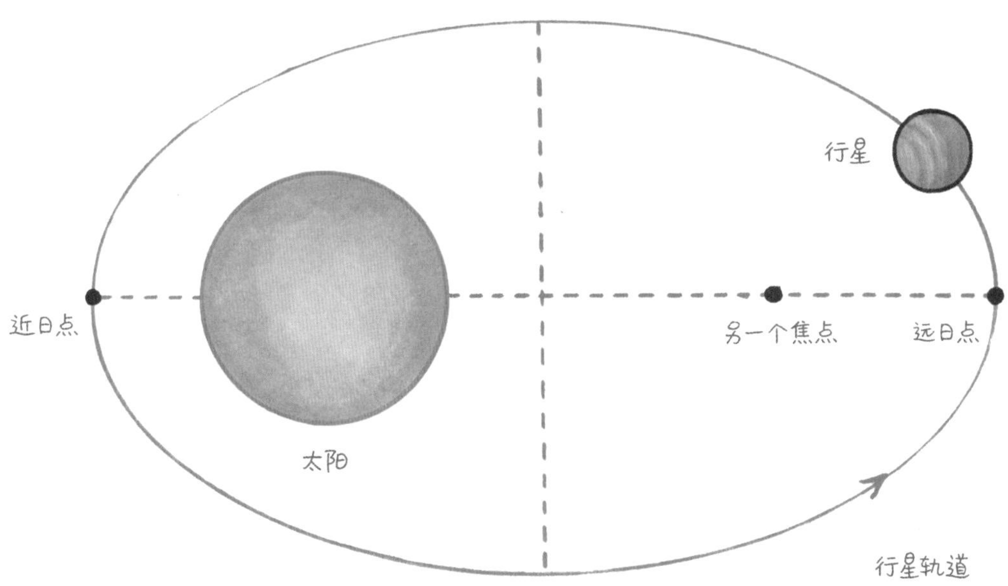

文望远镜，发现了一系列可以支持日心说的新的天文现象，包括木星的卫星体系、金星的满盈现象等。这些现象只有用日心说才能解释得通，靠地心说根本解释不通。这样一来，日心说才开始被科学家接受，而被科学家接受是被世人接受的第一步。

几乎与伽利略同时代，北欧的科学家第谷和他的学生开普勒也开始研究天体运行的模型。最终，在第谷几十年观察数据的基础上，开普勒提出了著名的**开普勒三定律**，指出了日心说的椭圆轨道模型，用一根曲线将行星

开普勒第一定律，也被称为椭圆定律、轨道定律。每一颗行星沿各自的椭圆轨道环绕太阳，而太阳则处在椭圆的一个焦点上。
开普勒第二定律，也被称为面积定律。在相等的时间内，太阳和运动着的行星的连线所扫过的面积都是相等的。
开普勒第三定律，所有行星轨道的半长轴的三次方跟公转周期的二次方的比值都相等。

围绕恒星运动的轨迹描述清楚了。开普勒的模型如此简单易懂，而且完美地吻合了第谷的观测数据，这才让大家普遍接受了日心说。

不过，开普勒无法解释行星围绕太阳运动的原因，更无法解释为什么行星围绕太阳运行的轨迹是椭圆的。这些问题要等伟大的科学家牛顿去解决。

第五章
科学启蒙

17 世纪之前，欧洲还没有出现许多科学家，成就也仅仅是提出了日心说。而到了 17 世纪之后，欧洲的科学仿佛重现了古希腊文明的荣光，再次迎来了大爆发。接下来的一个世纪，是整个欧洲的启蒙时代。

是什么原因促使了科学的大爆发？除了政治、经济的原因，另一个因素是，我们前文提到的造纸、印刷等技术的出现，使信息传播更加通畅。此外，还有一个因素，那就是系统且有效的科学研究方法的诞生，这要感谢法国的数学家和哲学家笛卡儿。

你能画出心形坐标吗

谁说数学家不浪漫？看看这美丽的心形线

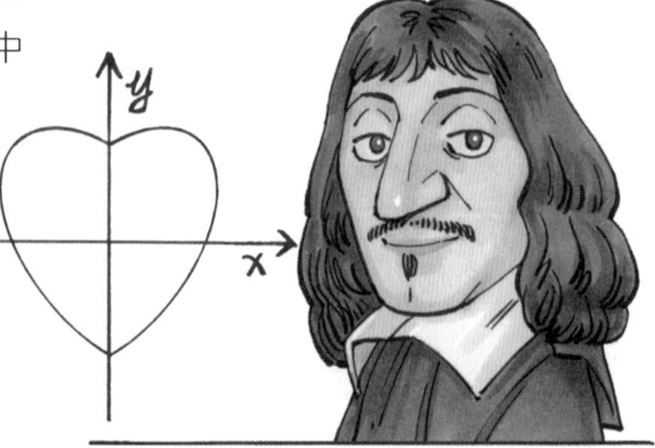

牛顿说：“我之所以看得远，是因为我站在巨人的肩膀上。”牛顿口中的这位巨人就是笛卡儿。

大家对笛卡儿的印象首先是个伟大的数学家，因为他发明了解析几何，这已经是一件很了不起的事情了。代数与几何，一边是数，一边是形，竟然通过解析几何完美地结合在一起，成为连接初等数学与高等数学的桥梁。牛顿说他站在了巨人的肩膀上，就是指他在解析几何的基础上发明了**微积分**。不过，除了要肯定笛卡儿在数学上的杰出成就，这句话还有更深的含义。

与牛顿同时期的莱布尼茨也发明了微积分。当时还有过许多争论，探讨这项开创式的发明到底应该归属谁？而现在，我们往往认为是二人同时发明了微积分，毕竟伟大的头脑总会不谋而合。

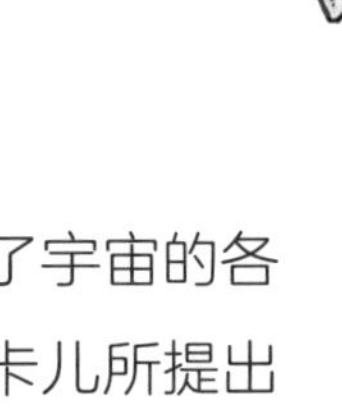

在牛顿的时代，涌现出了众多的科学家，他们高效地发现了宇宙的各种规律。这不仅是靠他们自己的勤奋与灵感，还要感谢笛卡儿所提出的科学方法论。有了正确的研究方法，科学家的探索之路才能事半功倍，正所谓“授人以鱼不如授人以渔”。

笛卡儿认为，科学研究的起点是感知，人们通过感知得到抽象的认识，并总结出抽象的概念，这些是科学的基础。

笛卡儿举过一个例子：一块蜂蜡，你能感觉到它的形状、大小和颜色，能够闻到它的蜜的甜味和花的香气，你必须通过感知认识它，然后将它点燃（蜂蜡过去常被用作蜡烛），你能看到性质上的变化——它开始发光、熔化。把这些信息全都联系起来，才能上升到对蜂蜡的抽象认识，而不是对一块块具体的蜂蜡的认识。这些抽象的认识，不是靠想象力来虚构，而是靠感知来获得。

笛卡儿在他著名的《方法论》一书中，揭示了科学研究和发明创造的方法。这些方法可以概括成 4 个步骤：

1

不盲从，不接受任何自己不清楚的真理。对一个命题要根据自己的判断，确定有无可疑之处，只有那些没有任何可疑之处的命题才是真理。这就是笛卡儿著名的“怀疑一切”观点的含义。

2

对于复杂的问题，尽量将它分解为多个简单的小问题来研究，一个一个地分开解决。

3

解决这些小问题时，应该按照先易后难的次序，逐步解决。

4

解决每个小问题之后，再总体来看，看看是否彻底解决了原来的问题。

现在，无论是在科学研究中，还是在解决复杂的工程问题时，人们都会采用以上 4 个步骤。

笛卡儿还特别强调“大胆假设，小心求证”在科学研究中的重要性。他认为，在任何研究中都可以大胆假设。但是，求证的过程要非常小心，除了要有站得住脚的证据，求证过程中的任何一步推理，都必须遵循逻辑，这样才能得出正确的结论。有了正确的结论，下一步就可以将结论进行推广。而实验加逻辑，也成为后来实验科学发展的基础。

笛卡儿将科学发展的规律总结为：

如此循环往复，科学就会不断进步。

笛卡儿之前的科学家并非不懂研究的方法，只是他们了解的研究方法大多是自发形成的，方法的好坏取决于自身的先天条件、悟性或者特殊机遇。比如，古希腊著名天文学家喜帕恰斯能发现一些别人看不见的星系，原因之一就是他的视力超常；开普勒发现行星运动三定律是因为从他的老师第谷手里继承了大量宝贵的数据。而这些条件常常难以复制，从而导致科学的进步非常艰难。

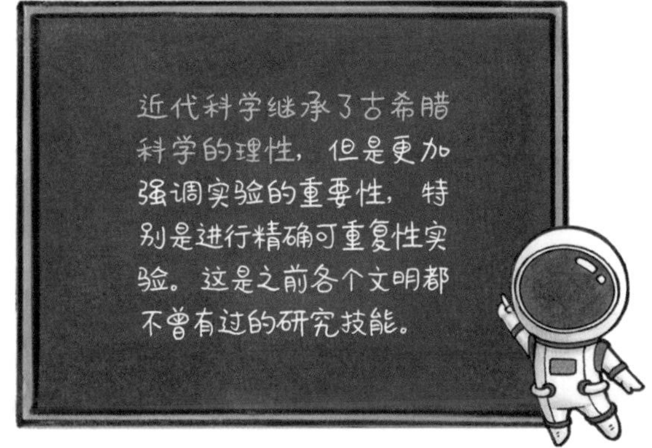

笛卡儿改变了这种情况，他总结出了完整的科学方法，让科学的研究可以通过正确的论据（和前提条件），进行正确的推理，得到正确的结论。后来的科学家遵循这个方法，大大地提高了科研效率。

在那个科学大爆发的年代，笛卡儿是一个承前启后的人，在他之前有伽利略和开普勒，在他之后有胡克、牛顿、哈雷和波义耳等人，这些人在数学、物理学、化学、天文学等诸多科学领域中都有过开创性的发明或发现。因此，笛卡儿称得上是开创科学时代的祖师爷。受到他影响的学科，不仅仅是他所研究的数学和光学，还包括很多其他自然科学，比如生理学和医学。

近代医学的诞生

在生活中，我们经常将医学分为西医和中医，其实这样分并不是很准确，更准确的分类应该是现代医学和传统医学。近代医学的创立是这一时期世界科技发展的重要部分。

中药柜

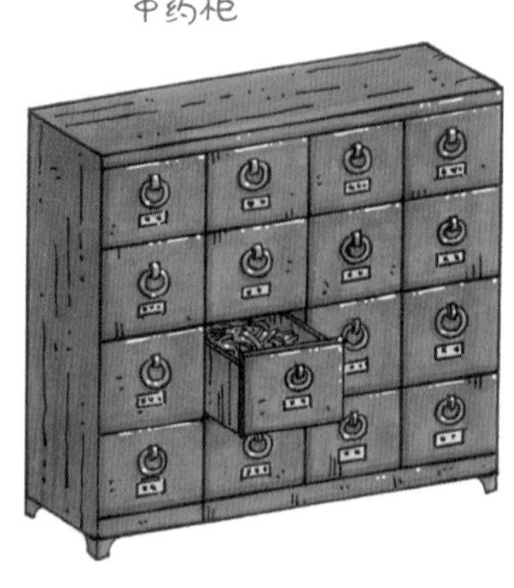

在大航海时代的欧洲，医疗方法和中国传统的医学也没有太大区别。当时欧洲皇宫的医务室就像一个“中药铺子”。只不过，一格格的抽屉换成了一个个玻璃储药罐，里面尽是草药和矿物质，中医熬汤药的瓦罐换成了玻璃烧瓶。

近代医学革命是由哈维开启的，他生活的年代比中国的名医李时珍晚了半个世纪。在哈维之前，欧洲一直沿用古罗马的医学理论家盖仑建立起来的医学理论。虽然盖仑也做解剖研究，并且发现了神经和脊椎的作用，但是他并没有搞清楚绝大多数人体器官的功能。盖仑认为血液是从心脏输出到身体各个部分，而不是循环的。所以，盖仑并不认为人体的血液量是有限的，从而发明了针对病人的**放血疗法**，这种谬误要了很多人的命。

哈维则从逻辑推理出发，发现了血液循环的原理，提出了新的理论，并通过实验去验证。哈维通过解剖学得知**心脏**的大小，并且大致推算出心脏每次搏动泵出的血量，然后根据正常人的心跳速率，进一步推算出人的心脏一小时要泵出将近 500 磅（约 227 千克）血液。如果血液不是循环的，人体内怎么可能有这么多的血液。鉴于这个推理，哈维提出了血液循环的猜想，然后通过长达 9 年的实验验证了他的理论。

1628 年，哈维发表了医学巨著《心血运动论》，书中指出，血液受心脏推动，沿着动脉血管流向全身各处，再沿着静脉血管返回心脏，环流不息。

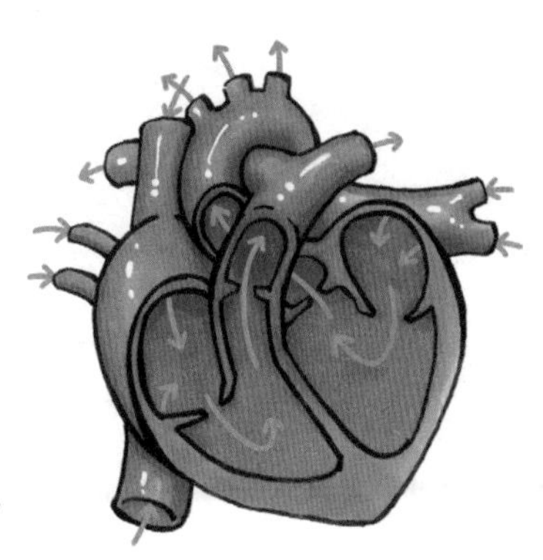
心脏是人体的发动机

1651 年，哈维又发表了他的另一篇大作《论动物的生殖》，对生理学和胚胎学的发展起了很大作用。过去人们认为，胚胎与成年动物的样子差不多，只是缩小的版本。而哈维在书中提出，**胚胎**最终的结构是一步步发育出来的。

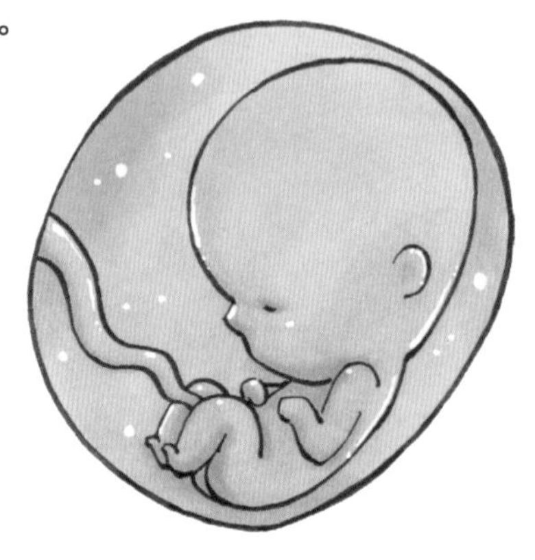
人类胚胎

同时，医学工具的发明和改进也推动了现代医学的进步。在古代，医学研究存在巨大的障碍，医生无法观测人体内部的生理活动，只能通过病人的表述、看脸色、感受体温、号脉等间接的方法了解病情。

17 世纪开始，随着物理学的发展，各种诊测仪器被发明出来。它们帮助医生了解病人的病情，进行正确的诊断，并提供更好的治疗方法。

这些仪器分为两类：第一类，是测量人体指标和观察生理活动的仪器，包括温度计、血压计、听诊器、心电图仪等；第二类，则是从微观上了解生命活动的仪器，主要是显微镜。

早在伽利略时期，科学家就发明了温度计，但是那种温度计并不能准确测量病人的体温。直到大约半个世纪后，法国人布利奥发明了**水银体温计**，医生才能准确判断病人是否发烧，体温上升了多少。

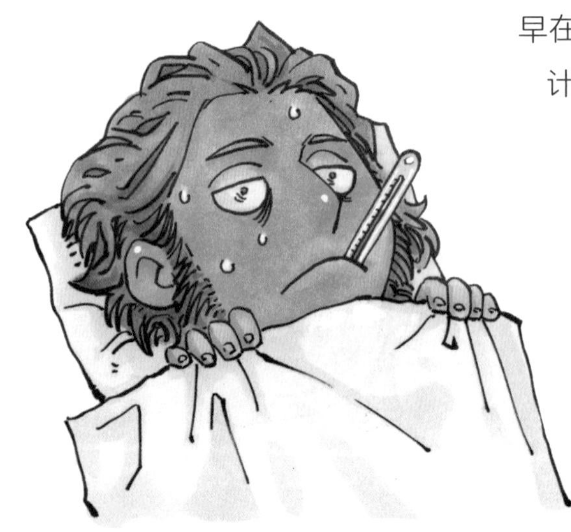
水银体温计可以放置在舌下、腋下或者……肛门

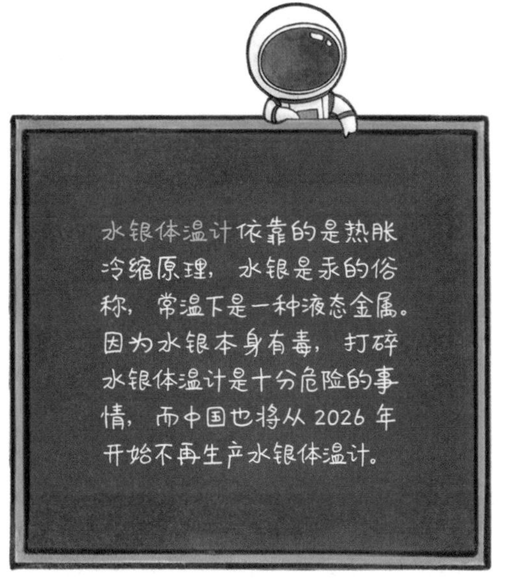

水银体温计上标有数值，可以量化体温的变化，对医学来说，“量化”病情是一项大突破。19 世纪初，听诊器和血压计也被发明出来。听诊器的原理并不复杂，它是通过声音感知人体器官的运动，以了解它们的生理状况。

其实，在**听诊器**发明之前，医生也会去听病人的心跳，感知肺部运动，只不过，没有听诊器的医生要趴在病人胸口上，如果是男医生和女病人，这样就很尴尬。1816 年，法国医生雷奈克就需要听诊一位年轻的贵妇，这位绅士为了避免尴尬，在无意中发明了听诊器。经过 3 年的改进后，听诊器的效果要比用耳朵直接听好得多。

早在哈维时代，人们就认识到测量血压对诊断疾病的作用，但是早期测量血压需要打开人（和动物）的动脉血管，所以这种方法无法用于诊断疾病。19 世纪初，法国著名物理学家和医生泊肃叶在研究血液循环的压力时，受到水银气压计发明原理的启发，发明了利用水银气压计测量血压的原型仪器。后来经过持续改良，到 1896 年，意大利内科医生罗奇才发明了今天使用的水银血压计。血压计的使用，不仅使医生能够更方便地诊断病人的病情，而且能够定量评估病人的病情变化和治疗效果。

进入20世纪后，X射线技术诞生，随之被发明出的便是各种透视设备，医生可以通过它们直接看到人体内的生理变化，疾病的诊断水平便有了大幅度提高。

人类的很多疾病，其实是因为外界微生物进入人体造成了感染。那些微生物非常小，小到肉眼根本看不见。在很长的时间里，人类甚至不知道它们的存在，中世纪的人们就把黑死病当作上帝的惩罚。

显微镜的出现，为治疗这些疾病立下了汗马功劳。有趣的是，显微镜的发明者列文虎克并不是医生，也不是物理学家，而是一位荷兰亚麻织品商人，磨制透镜和装配显微镜是他的业余爱好。

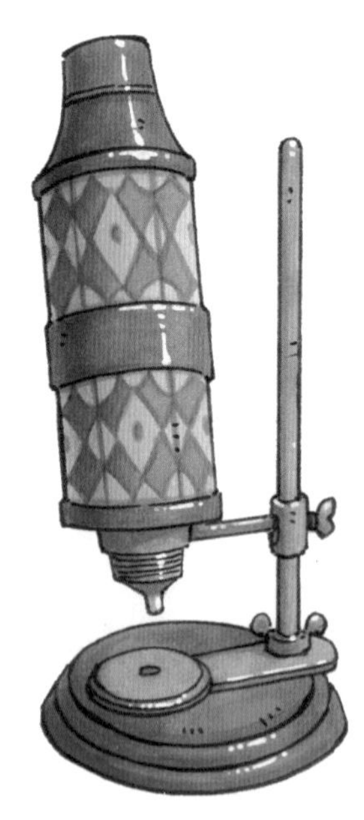
列文虎克发明的显微镜

通过显微镜，这位商人惊讶地发现了许多肉眼看不见的微小植物、微生物，他甚至还观察到了动物的精子和肌肉纤维。1673年，他在英国皇家学会发表了论文，介绍了他在显微镜下的发现，后来成了皇家学会的会员。

从**哈维**开始，在无数人历经3个世纪的共同努力下，人类终于了解了自身的构造、身体器官的功能以及很多疾病的成因，并以此为基础，找到了许多疾病的治疗方法。今天，人类的平均寿命比17世纪时几乎

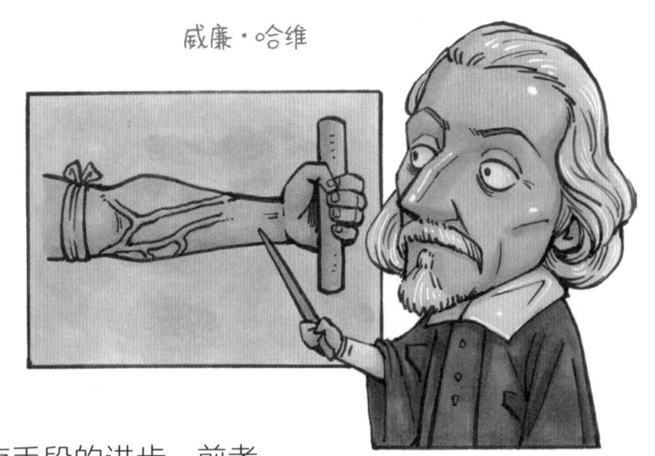

延长了一倍，除了食物更充足，这主要得益于近代和现代医学的进步。在这些进步中，一部分来自医学理论的发展，另一部分则来自诊疗手段的进步。前者受益于科学方法的使用，后者则是因为获取信息手段的提升。医学科技的发展源于人类追求生命健康的需求。同样，伴随大航海时代发展的需求也催生了相应的科技进步。

大航海时代

为什么在中世纪之后的科学复兴是从天文学、力学和数学领域开始的呢？这和当时航海的需要密切相关。

迄今为止，人类的迁徙有三次飞跃——现代智人走出非洲、大航海和地理大发现，以及太空探索。虽然在今天看来，这几件事难度不同，但它们的意义同样伟大。从走出非洲到大航海开始，这中间有几万年的时间，而从大航海到人类登月，只经过了几百年的时间。可见，人类的科技是加速进步的。

整个大航海时代，如果从 1405 年**郑和**第一次**下西洋**开始算起，到 1606 年荷兰和西班牙人登陆澳大利亚，发现地球上所有已知的大陆，正好是两个世纪的时间。

人类最早的航海先驱当数澳大利亚的蒙哥人。40000 年前，蒙哥人跨过印度尼西亚与澳大利亚北部之间的海域，到达了澳大利亚。

至于他们如何渡过宽广的大海，是使用人力划桨，还是用简易的风帆，由于没有任何文物留下来，至今依然是一个谜。不过可以肯定的是，那不是一件容易的事，人类祖先的冒险精神值得称道。

腓尼基人和古希腊人是最早留下翔实记录的航海者，早在 3000 多年前，他们就在地中海自由航行了，足迹遍布整个地中海沿岸。特别是**腓尼基人**，他们从中东地区出发，在地中海两岸建立了很多殖民点，一直延伸到直布罗陀海峡。如此遥远的旅程，单靠人力是难以实现的，他们正是利用了风能。

在茫茫无尽的大海上行驶，确定时间与方位十分重要。

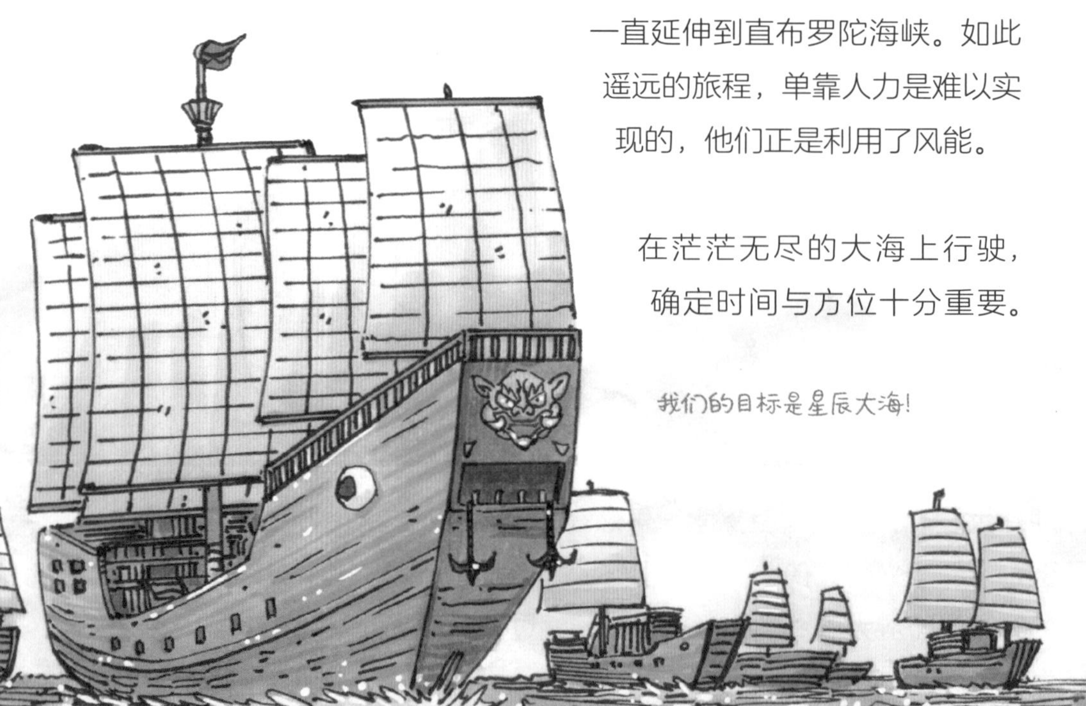

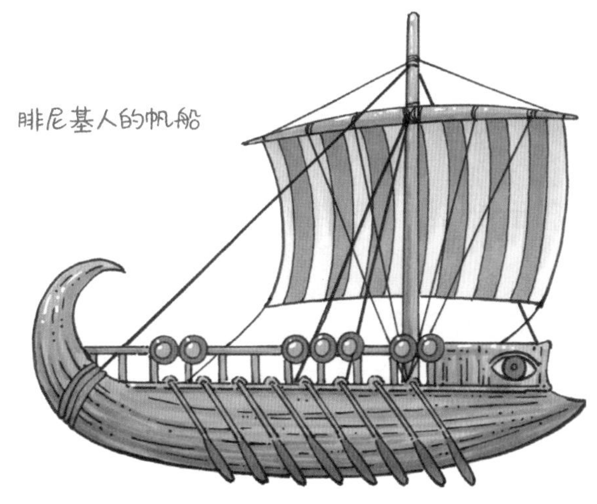
腓尼基人的帆船

擅长航海的古希腊人发明了星盘。8 世纪时，伊斯兰学者阿尔·法扎里对星盘进行了改进。星盘由圆盘和镂空的转盘组成，标有太阳和其他恒星的位置。到了 9 世纪，准确度更高的象限仪在阿拉伯地区出现了。虽然象限仪最初被用于测定祈祷的方位，但是很快就被用于航海。

13 世纪，波斯人开始使用**旱罗盘**。旱罗盘中间是一根可以转动的磁针，四周有准确方位的表盘刻度，它比中国更早发明的水罗盘精确。但我们无从得知，他们的老师是中国人还是意大利人，或许是他们自己独立的发明。总之，阿拉伯人和波斯人将这些仪器很好地用在了航海上，直到欧洲大航海时代开始之前，阿拉伯人和波斯人的航海技术都领先世界，就连郑和的船队中，都有大量的阿拉伯人。

波斯罗盘，居家旅行必备

确定方位后，还需要有动力。在蒸汽船出现之前，季风几乎是远洋航行唯一的能量来源。

前文我们提到的苏美尔人很早就发明了船帆，但是过去的船帆更像是一个兜风的口袋，只能在顺风时获得动力，逆风时航行就很困难了。

阿拉伯的三角帆船

公元 9 世纪，阿拉伯人发明了**三角帆**，从此，船帆不再是一个兜风的口袋，而是如同一个竖直的机翼，风在帆的前缘被劈开，再流到后缘汇合。由于帆的迎风面凹陷，背风面凸起，便形成了一定的曲度，空气在背风面的流动速度大于迎风面的流动速度，因此两边所受的压力不同，压力差使船只可以逆风而行，这便是**伯努利原理**的应用。这时的帆，已经是帆船前进的引擎了。

不过，尽管有了阿拉伯人发明的各种航海仪器，可以在海上大致定位并且找到航海的方向，但是定位的准确度还不足以避开礁石和暗礁。

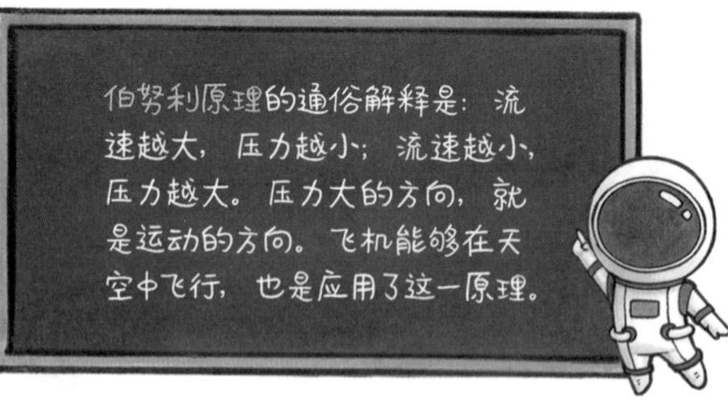

准确定位在今天看来并不复杂，在地球定位，其实只需要准确地知道经度和纬度这两个数据就可以了。

纬度比较好度量一些，因为在地球不同的纬度看到的天空是不一样的，

只要使用四分仪或星盘测量太阳或者某颗特定的恒星在海平面上的高度即可推算出。但是测量经度就要复杂许多，因为地球是自转的，天空中太阳或者星辰的某个景象，几分钟后就会出现在 100 千米以外同纬度的地方。因此，从大航海一开始，围绕**经度测量**技术的研究就没有中断过。

在历史上，无论是著名的航海家**亚美利哥·韦斯普奇**（美洲大陆就是以他的名字命名的），还是大科学家伽利略，都花了很多精力试图解决经度测量的难题。虽然他们提出了一些具有启发性的测量方法，但是都不实用。

亚美利哥·韦斯普奇

18 世纪初，牛顿等英国的科学家发明了**六分仪**。这种手持的轻便仪器可以测量天体的高度角和水平角，将所得结果和天文台编制的星表对照，就可以测定船舶所在地的当地时间。如果船上有钟表能够准确记录出发地的时间，就可以根据地球自转的速度推算出经度了。

六分仪

然而，准确记录出发地的时间并不是一件容易的事情，因为船在海上非常颠簸，当时没有钟表能够在那种情况下准确计时。如果装在船上的钟表有一秒误差，测定的距离就会差出 500 米左右。

最终解决这个难题的并非科学家，而是英国的钟表匠约翰·哈里森和他的儿子。他们花了近 30 年时间发明了航海钟，做到了在海上准确计时。今天，英国格林尼治天文台博物馆有关于哈里森的详细介绍，并且保存着当时他制作的几代航海钟，供人们了解经纬度测量的历史。不过哈里森的航海钟在当时非常昂贵，无法普及。

到了 19 世纪初，在钟表工程师的共同努力下，船长们终于装备得起航海钟了。有了六分仪和航海钟，海上远距离航行变得安全了许多。

牛顿：百科全书式的“全才”

艾萨克·牛顿

在任何一个科技快速发展的时代，都需要在思维方式和方法论上比先前的年代有巨大的飞跃。那些新的思维方式，会用那个时代最明显的特征命名。从**牛顿**开始的 200 多年间，

最先进、最重要的思维方式就是机械方法论了。

在西方，牛顿的社会地位非常崇高，人们认为他是开启近代社会的思想家。牛顿的影响力之大，甚至成为近代科学的符号。

牛顿来自一个自耕农家庭，如果早出生 100 年，可能就要种一辈子农田了。好在经过伊丽莎白一世时期的发展，当时英国的教育已经开始普及。因此，牛顿小时候就被送到公学读书。在读书期间，他的母亲总想让他回家务农，但校长亨利·斯托克看中了牛顿的才华，说服了他的母亲，让他重新回到学校读书，从而改变了牛顿的一生。

1661 年，牛顿进入剑桥大学三一学院，跟随数学家和自然哲学家伊萨克·巴罗学习。在剑桥大学，牛顿成绩出色，获得了公费生待遇，相当于在今天获得奖学金，这保证了他无须为学费和生计发愁，可以潜心进行科学研究。

于是，在短短几年里，牛顿便在科学研究上硕果累累。1664 年，只有 22 岁的牛顿就提出了**太阳光谱理论**，即太阳光是由七色光构成的。

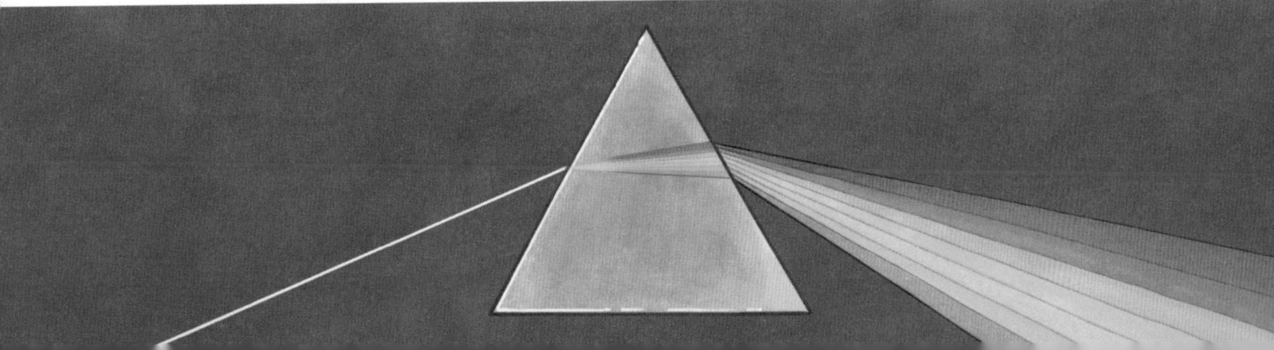

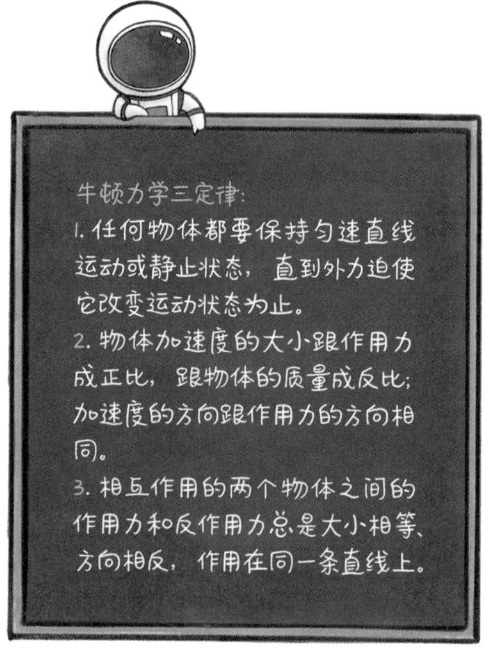

1665 年夏天，剑桥流行瘟疫，牛顿回到家乡伍尔兹索普，在那里度过了近两年的时间，这也是他思想最活跃的时期，做出了近代科技史上很多重要的发现和研究成果，其中包括：发现离心力定律，完成**牛顿力学三定律**的雏形，明确了力的定义，定义了物体碰撞的动量，等等；而在数学上，牛顿发明了二项式定理并给出了系数关系表；在研究运动速度的问题时，提出了“流数”的概念，这是微积分的雏形。这些成果，任何一项放到今天都可以获得诺贝尔奖。因此，后世把 1666 年称为科学史上的第一个“奇迹年”。

你或许听说过苹果砸到牛顿头上，启发他发现万有引力的“故事”，然而万有引力仅仅是牛顿众多伟大成就中的一个。牛顿的研究领域非常广泛，除了天文学，还有数学、光学、力学与炼金术等。

万有引力定律公式

牛顿是历史罕见的科学家，他不仅发现了某些定理，还构建了庞大的学科体系，比如以微积分为核心的近代数学、以牛顿力学三定律为基础的经典物理学，以及以**万有引力定律**为基础的天文学。他把这些内容写成了《自然哲学的数学原理》一书，这本书成为历史上最有影响力的科学著作。

牛顿在思想领域最大的贡献在于将数学、物理学和天文学三个原本孤立的知识体系，通过物质的机械运动统一起来，这就是哲学上所说的机械方法论（简称机械论）。在牛顿和后来机械论的继承者看来，一切运动都是机械运动。

今天我们谈起机械论的时候，可能会觉得那是过时的、僵化的思想，但是在启蒙时代，这种思维方式是具有革命性的。机械论这个词是牛顿的朋友、著名物理学家波义耳提出的。牛顿、波义耳等人用简单而优美的数学公式揭示了自然界的规律，他们告诉世人：世界万物是运动的，那些运动遵循着特定的规律，而那些规律又是可以被发现的。只要利用那些定律和定理，就能制造出想要的机械，解决所有的问题。

在牛顿之前，人类对自然的认识充斥着迷信和恐惧，苹果为什么会落地，日月星辰为什么会升起，天上为什么会出现彩虹，这些在今天看似无须解释的现象，在当时的人们看来都是谜。人类只能把一切现象的根源归结为上帝。直到牛顿等人出现，人类才开始摆脱这种在大自然面前的被动状态。从此，人类开始用理性的眼光看待一切的已知和未知。

由于牛顿用机械运动解释万物变化的规律获得如此成功，在他之后的两个多世纪里，发明家认为，一切都是可以通过机械运动来实现的。从瓦特的蒸汽机和史蒂芬森的火车，到瑞士准确计时的钟表和德国、奥地利优质的钢琴，再到巴贝奇的计算机和二战时德国人发明的恩尼格玛密码机，无不是采用机械思维解决现实难题的范例。

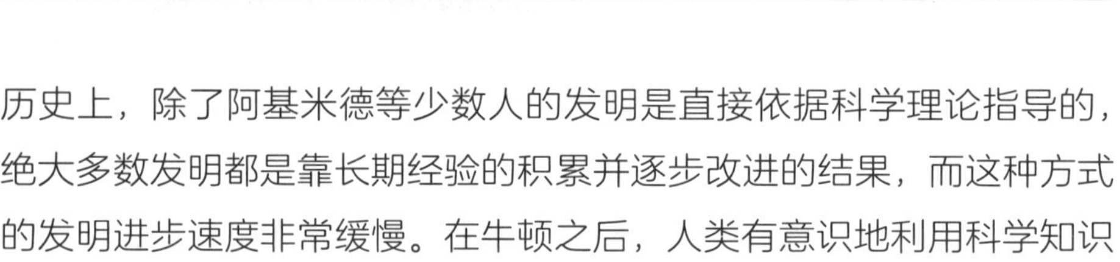

历史上，除了阿基米德等少数人的发明是直接依据科学理论指导的，绝大多数发明都是靠长期经验的积累并逐步改进的结果，而这种方式的发明进步速度非常缓慢。在牛顿之后，人类有意识地利用科学知识指导实践，这才使得自近代以来科技进步不断加速。

笛卡儿、牛顿等人生活的时代，是人类历史上的科学启蒙时代，半个多世纪以后，工业革命才真正开始。在半个多世纪里，另一门重要的科学——化学诞生了。

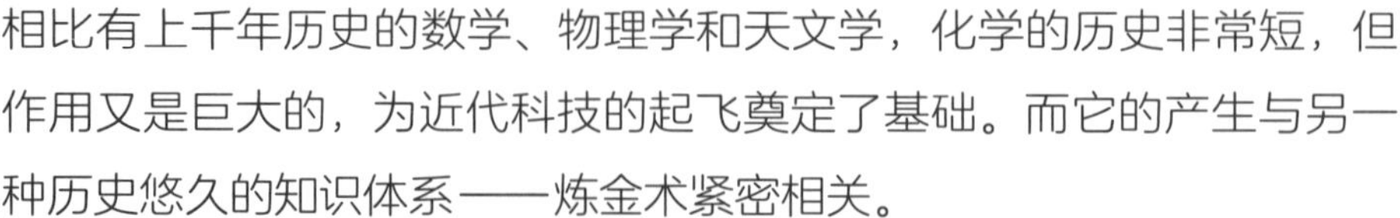

“炼”出来的化学

相比有上千年历史的数学、物理学和天文学，化学的历史非常短，但作用又是巨大的，为近代科技的起飞奠定了基础。而它的产生与另一种历史悠久的知识体系——炼金术紧密相关。

炼金术是个有些“西方”的词汇，但它的伙伴“炼丹术”就是我们东

方人所熟知的了。历朝历代，有无数皇帝为求长生不老，也或许是为了制造万灵药，不断召集方士炼丹。实际上，吃掉这些奇怪的丹药以后，往往会死得更快。

现在没有了

东晋哀帝司马丕，过量服用仙药25岁逝世；唐穆宗李恒，吃丹药而亡，时年30岁；明熹宗朱由校，服用仙药后去世，享年23岁……

西方的炼金术则有另一个目的，就是将廉价的金属变成贵重的黄金。然而，无论在东方还是西方，这些炼金术从来都没成功过。尽管如此，术士们还是前赴后继，乐此不疲。

炼金体现了人类对未知事物的探索欲，虽然劳民伤财且不断失败，但也在偶然中推动了科技发展。在中国，它催生了四大发明之一的火药；而在西方，通过炼金术，人们掌握了做实验的方法，开发出了做实验的仪器设备，后来，还找到了各种各样的矿物质，提炼出了一些元素。

我们以为的淘金地：金矿；
布兰德以为的淘金地：厕所

最早从炼金术士转变为化学家的，要算德国商人**布兰德**了。1669 年，也许认为尿液和黄金都是黄色的，这位商人试图从人类的尿液中提取黄金。他做了大量的实验，没能炼出黄金，却意外地发现了白磷。这种物质在空气中会迅速燃烧，发出光亮，因此布兰德给它起名为 *Phosphorum*，意思是光亮。

伯特格尔：
国王懂什么赚钱之道？

18 世纪初，另一位德国的炼金术士**伯特格尔**也想炼黄金。虽然是为萨克森国王卖命，但伯特格尔很快就发现，炼黄金这种事根本无法实现。反正国王只想赚钱，还不如学中国烧瓷器更靠谱，而且当时的欧洲瓷器非常昂贵。

于是，伯特格尔进行了 3 万多次实验，尝试了瓷土中各种成分的配比，以及不同的烧制条件，最终制作出了完美的瓷器，这也就是享誉世界的梅森瓷器。

拉瓦锡：不多说了，我们高中课本见！

当然，从炼金术过渡到化学是一个漫长的过程。在这个过程中，有一位重要人物，那就是化学的奠基人、著名科学家**安托万·拉瓦锡**，他在化学界的地位就像牛顿在物理学界的地位一样。

拉瓦锡是法国末代王朝的贵族，做化学实验只是为了探索自然的奥秘，而不是为了赚钱。

拉瓦锡一生的贡献很多，比如发现了空气中的氧气，并且提出了氧气助燃的学说；证实并确立了质量守恒定律；制定了化学物质的命名原则；制定了今天广泛使用的公制度量衡。

拉瓦锡所有的研究工作，都是遵循了笛卡儿的科学方法。以他发现氧气为例，在拉瓦锡之前，学术界流行着“燃素说”，即物质能够燃烧，是因为其中有所谓的“燃素”，燃烧的过程就是物质释放燃素的过程。

拉瓦锡在实验中有一个信条：必须用天平进行精确测定来检验真理。正是依靠严格测量反应物前后的质量，他才确认了在燃烧的过程中，空气中的一种气体加入了进来，而不是所谓燃素分解掉了。他把这种气体命名为“氧气”，并分析得出是氧气的参与使得物质燃烧。

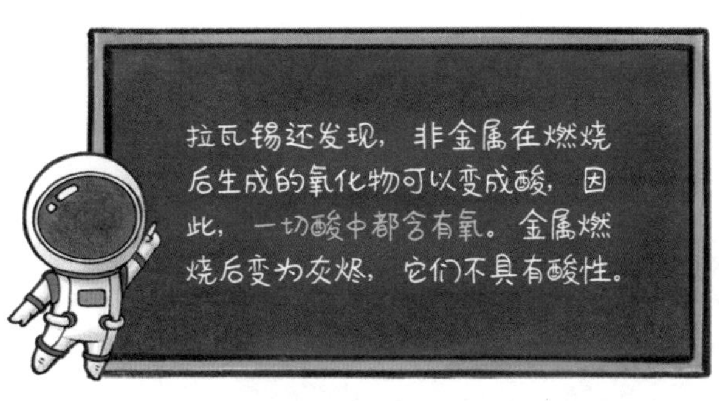

拉瓦锡还指出，空气中除了含有氧气，还有另一种气体，因为燃烧时空气中的气体没有用光。“氧化说”合理地解释了燃烧生成物质量增加的原因，因为增加部分就是它所吸收的氧气的质量。

从近代到现代，科学就是科学家靠科学方法，通过实践确立起来的。

牛顿建立了经典物理学的体系，而拉瓦锡建立起了化学的体系。在拉瓦锡之前，同一种物质可能有许多个名字，大家讨论的时候很容易糊涂。1787 年，拉瓦锡和几位科学家一起编纂了《化学命名法》一书，书中明确了每种物质的命名规则，拉瓦锡认为，物质的命名应该能体现它的特点和组成。比如我们说**食盐**，虽然大家知道它是什么东西，但是从名称中无法知道它的成分和特性。在化学上，它被称为氯化钠，这样，我们就知道它有两种元素，即氯和钠，而且是一种氯化物（盐类）。

盐：我的学名叫氯化钠

拉瓦锡不仅在化学发展史上建立了不朽功绩，还确立了实验在自然科学研究中的重要地位。拉瓦锡说，“不靠猜想，而要根据事实”“没有充分的实验根据，决不推导严格的定律”。他在研究中大量地重复前人的实验，一旦发现矛盾和问题，就将它们作为自己研究的突破点，这种研究方法一直沿用至今。无论是在学术上的成就，还是在方法论上的贡献，拉瓦锡都无愧于“化学界的牛顿”和“现代化学之父”的美名。

法国大革命爆发之后，拉瓦锡最重要的贡献就是统一了法国的度量衡，并且最终形成了当今现行的公制。他主张采取地球极点到赤道的距离的一千万分之一为 1 米；提出质量标准采用千克：水在密度最大时（4 摄氏度），1 立方分米的质量为 1 千克。

第六章
工业革命

在人类历史上，手工业的发展一直存在着产量不足的问题。要多制造商品，就要多雇人。而人不仅有衣食住行的需求，能提供的动力也很有限。所以，作为工业的初级阶段，手工业的发展一直非常缓慢，其产品总是供不应求。工业革命改变了这一切，它的本质是动力革命，采用机械动力取代人力和畜力（比如马车是靠马的力量拉动），工人只要掌握技能、操作机器就好了。通过运用机器，一个工人就抵得上过去几个人甚至几十个人，生产效率大幅度提升。从英国的第一次工业革命开始，人类历史上终于出现了商品供大于求的情况。

神秘的月光社

你可能并不熟悉“月光社”这个名字，这个陌生的名字听起来或许还有一丝神秘色彩。在月圆的夜晚，一群人会聚集在英国伯明翰某个人的家中，探讨可能改变世界的“秘术”，这些聚会者都是经过严格挑选的。

这个组织并不神秘，在 18 世纪的英国和美国，很多名人传记中都会提到它。“月光社”聚集了当时西方世界的技术精英，所探讨的“秘术”

自然是科学与技术。之所以要选在月圆之夜，只是因为当时没有路灯，要靠月光照明，因此命名为“月光社”。这个民间组织对欧美的工业革命产生了巨大影响。

月光社并没有明确的成立时间，它的历史可以追溯到 1757 年或者 1758 年。当时伯明翰的工厂主马修·博尔顿和他家的私人医生老达尔文经常在一起讨论科学问题。老达尔文是一名医生，也是科学家，我们认识的那位写《物种起源》的达尔文正是他的孙子。进化论早期的一些想法就来自老达尔文。后来，博尔顿和老达尔文又聚集了伯明翰地区其他的技术精英，办起了月光社。

1758 年，正在英国出差的美国科学家**本杰明·富兰克林**应邀加入了月光社，在回到美国之后，还一直和英国的月光社会员保持通信往来。

本杰明·富兰克林是出版商、印刷商、记者、作家、慈善家，更是杰出的外交家和发明家。他发明了双焦点眼镜、蛙鞋等，同时还是美国独立战争时的重要领导人之一。在中学阶段的物理课本里，我们会遇到这位富兰克林，他最早提出了电荷守恒定律，还发明了避雷针。

几年后，又有几位重量级的科学家和发明家加入进来，其中包括著名发明家詹姆斯·瓦特、地质学家韦奇伍德以及科学家约瑟夫·普利斯特里等人。此外，现代化学之父拉瓦锡以及美国《独立宣言》的起草人、科学家杰斐逊也相继加入。当然，在这群人中，直接开启工业革命大门的是**瓦特**，他和博尔顿为第一次工业革命提供了动力来源——**蒸汽机**。

最早发明蒸汽机的是英国工匠托马斯·纽卡门。1710 年，他发明了一种固定的、单向做功的蒸汽机，用于解决煤矿的抽水问题，但是这种蒸汽机非常笨重，而且适用性差，效率低。

蒸汽机的动力来自水沸腾后产生的高压蒸汽。

瓦特

瓦特并不是发明第一台蒸汽机的那个人，因为在瓦特之前就有蒸汽机了。瓦特被世人铭记的贡献其实是改进了蒸汽机，让蒸汽机被广泛应用。

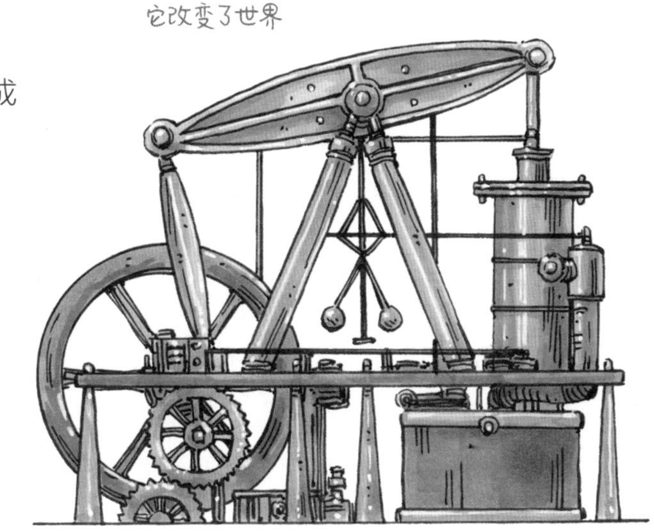

瓦特家庭条件很不错，学习成绩优异，从小就爱摆弄各种机械，但是后来父亲破产，他没能读大学。由于他天资聪颖，善于修理各种机械，因而进入了苏格兰的格拉斯哥大学，并当上了修理仪器的技师。在格拉斯哥大学，他利用工作之便，系统地学习了力学、数学和物理学的课程。所以，后来瓦特改进蒸汽机的想法并不是来自经验，而是来自理论。

1763 年一次偶然的机会，瓦特在格拉斯哥大学修理一台纽卡门蒸汽机时，发现这种蒸汽机效率非常低。于是，他萌发了改良蒸汽机的想法，并且设计了一个可以运转的模型。

不过，设计出模型和造出蒸汽机是两回事。这不仅需要资金，也需要制造工艺技术的支持，可惜当时金属加工的水平不高，所以瓦特的工作进展被耽搁了 8 年。后来瓦特依靠月光社的朋友博尔顿的资金和当时英国工程师约翰·威尔金森制造加农炮的技术，解决了活塞与大型气缸之间的密合难题。终于在 1776 年，第一批新型蒸汽机制造成功并投入工业生产。博尔顿和瓦特的订单源源不断，这些生意给他们的公司带来了巨大的利润。同时，瓦特还在继续“升级”他的蒸汽机。瓦特的新型蒸汽机的效率后来达到了纽卡门蒸汽机的 5 倍。

1785 年，瓦特当选为英国皇家学会会员。后来，他和博尔顿将蒸汽机

卖到了全世界，加上专利转让的收入，瓦特晚年非常富有。瓦特的成功为英国的发明家树立了榜样——通过自己的发明创造，在改变世界的同时，也改变了自己的命运。

牛顿找到了开启工业革命的钥匙，而瓦特则拿着这把钥匙开启了工业革命的大门。瓦特的成功不仅是技术的胜利，也为人类带来了一种新的动力来源，更重要的是，他掌握了新的方法论——机械思维。在瓦特之后，机械思维在欧洲开始普及，工匠们发明了解决各种问题的机械，从此，世界进入了以蒸汽为动力的机械时代。

蒸汽开启了新时代

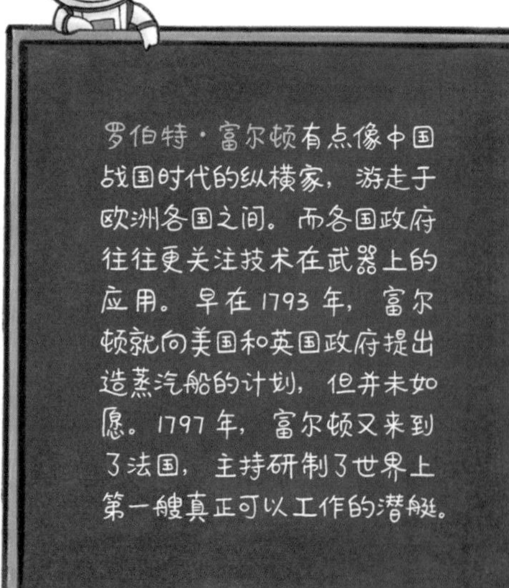

从18世纪末开始，蒸汽机被广泛应用，例如蒸汽船和火车。

蒸汽船的发明人是**罗伯特·富尔顿**，他是一位充满传奇色彩的人物。1786年，这位年仅20岁的美国画家来到英国伦敦，他本想以绘画谋生，却意外遇到了改变他命运的贵人——瓦特。

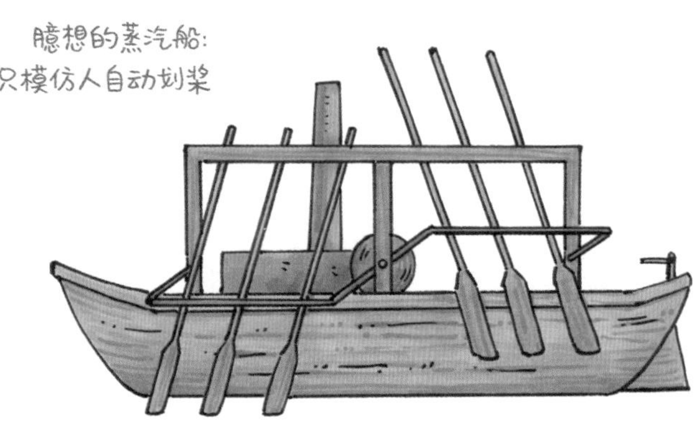

两人年龄相差很大，那时候的瓦特已经是享誉世界的发明家，而富尔顿只是个默默无闻的年轻人，但是他俩却结成了忘年交。受到瓦特的影响，富尔顿从此迷上了蒸汽机和各种机械。在绘画之余，他学习了数学和化学，这些知识让他有了成为发明家的可能。

在英国期间，富尔顿还遇到了著名的空想社会主义理论家、工厂主罗伯特·欧文，两人一起设计和发明各种机械。

当时，一些发明家试图利用蒸汽机让船只自动划桨，包括发明家詹姆斯·拉姆齐和他的竞争对手约翰·菲奇，菲奇还因为这种奇怪的发明获得了专利。但是，这样设计的蒸汽船很笨拙，并没有什么实用价值。

富尔顿却从中受到了启发——原来，可以利用机械推动轮船行驶。

富尔顿要比两位“前辈”聪明得多，既然划桨的后坐力会产生向前的动力，那么机械可以用自己的方式划桨，并没有必要去模仿人的动作。于是，螺旋桨诞生了。1798年，**螺旋桨蒸汽船**成为富尔顿的专利。

蒸汽船的推广并非一帆

风顺。1803 年，在法国塞纳河做实验时，富尔顿的蒸汽船沉没了，目睹现场的法国人可接受不了这样的船，他们嘲笑蒸汽船为“富尔顿的蠢物”。富尔顿带着遗憾离开了法国。 回到美国后，富尔顿遇到了利文斯顿，并且成了他的侄女婿。利文斯顿不仅是政治家，对科学也感兴趣，还是纽约有名的富商。有了他的支持，富尔顿研制蒸汽船的进展变得非常顺利。

1807 年，蒸汽船克莱蒙特号出现在了哈得孙河上。人们从来没有见过这样的怪物，不用风帆，没有人划桨，仅靠竖起一根高高的烟囱，就能轰鸣着在水上行驶。克莱蒙特号从纽约出发，经过 32 个小时的逆水航行，抵达了位于上游 240 千米远的奥尔巴尼。而过去走完这段水路，最快的帆船即使一路顺风也要 48 个小时。

从此，富尔顿拉开了蒸汽轮船时代的帷幕。

就在富尔顿为制造蒸汽船忙碌时，英国工匠乔治·史蒂芬森也开始研制蒸汽动力的机车，也就是今天我们说的火车。1825 年，由史蒂芬森设计的火车载着 450 名旅客，在他铺设的铁路上从达灵顿开往斯托克，速度达到了 39 千米 / 小时。

沿途很多围观的群众纷纷扒上火车，到

达终点时，旅客人数达到了近 600 人。还有一个骑着马的人试图和**火车“赛跑”**，但是很快被火车超越，被远远地甩在了后面。

史蒂芬森后来还和他的儿子一起修建了连接利物浦和曼彻斯特两个英国主要工业城市的铁路。英国随后出现了“铁路热”，从此开始了铁路运输的历史。

你有机械思维吗

伊莱·惠特尼

机械的作用不仅体现在运输上，更重要的是提高了各行各业的效率，并且改变了整个社会。

1793 年，发明家**伊莱·惠特尼**从美国耶鲁大学的机械学专业毕业。惠特尼与发明轮船的富尔顿同龄，他在 27 岁时就发明了著名的“**轧棉机**”，把手工摘除棉籽的工作交给机器来做，将效率提升了 50 倍以上。

著名的“轧棉机”

轧棉机发明一年后，美国的棉花产量从

550 万磅（1 磅 =0.4535 千克）增加到 800 万磅，1800 年达到 3500 万磅，1820 年更是达到 1.6 亿磅。到惠特尼去世的 1825 年，棉花产量已达到 2.25 亿磅。美国将如此多的棉花卖给纺织业蒸蒸日上的新英格兰，大大推动了美国的工业革命。

在为美国军队批量制作枪支的过程中，惠特尼提出了“**可互换零件**”的概念，后来被整个工业界普遍采用。

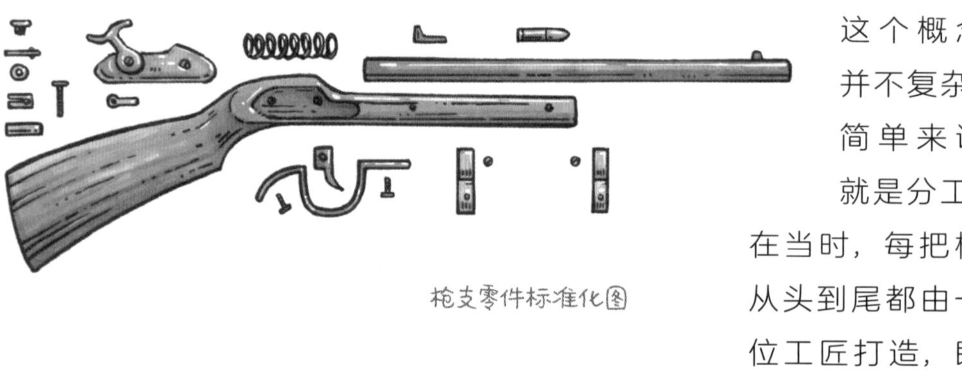
枪支零件标准化图

这个概念并不复杂，简单来说就是分工。在当时，每把枪从头到尾都由一位工匠打造，即使是同型号的枪，它们的零件也无法互换。而惠特尼设计出了一套标准的零件尺寸和制作流程，并让工人分工生产不同的零件。用这种工艺流程生产出来的零件尺寸、形状一致。所以，当零件制作完成后，从每类零件里抽出一个，就可以组合出一支完整的枪。这样做生产效率更高，如果某支枪出了问题，只要更换零件就可以修好了。

惠特尼是实行标准化生产的创始者。产品的标准化，大大提高了生产效率，也方便了产品在使用过程中的维修，这是工业走向成批生产的重要一步。

到了 19 世纪，机械思维已经在欧洲和美国深入人心，人们相信任何问题都可以通过机械的方式解决。各种各样和生活、生产相关的机械发明层出不穷。比如，“打字机”就是这段时期的产物。

1843 年，英国发明家查尔斯·瑟伯发明了替代手写字的转轮打字机，并获得了美国专利。但这种打字机不够实用，并没有大范围推广，它的出现似乎在预示着，几千年来，人类通过书写来记录文明的方式，有可能被一种机械运动取代。

1870 年，丹麦牧师马林·汉森发明了实用的**球状打字机**，每一个字母对应一个键。1873 年，美国发明家克里斯托夫·拉森·肖尔斯发明了今天键盘式的机械打字机，并且在第二年销售出了 400 台。

打字机打出的文字比手写的更清晰易读，而且便于修改。因此，在美国和欧洲，公文打字很快替代了手写。而一批作家也开始使用打字机，马克·吐温便是第一批使用打字机的著名作家。1876 年，他用打字机完成了《汤姆·索亚历险记》的初稿。打字机的出现还创造了一个新的职业——打字员，其中绝大部分（95%）是妇女，这也让妇女可以从事白领的工作。

从瓦特改良蒸汽机开始的半个多世纪的时间里，大部分工业领域的发明都来自英国。这些发明让英国的工业变得很强大，生产出了数量惊人的商品，并将商品卖到世界各地。随着“英国制造”走向全世界，英国也成为全球性的强大帝国。

占地 3700 多平方米的水晶宫

1851 年，英国为了展示其工业革命的成功，在伦敦市中心举办了第一届世界博览会。这次博览会的标志性建筑是著名的**水晶宫**，它长达 560 多米，高 20 多米，全部用玻璃和钢架搭成，里面陈列着 7000 多家英国厂商的产品和大约同样数目的外国商家展品。英国的展品几乎全部是工业品，包括大量以蒸汽为动力的机械，而外国商家的展品则几乎全都是农产品和手工产品。

始于英国的工业革命，是人类使用动力的一次大飞跃。机械不仅取代了人力和畜力，提供了更强大的力量，还让人类做到了过去难以想象的事情。

你能造出永动机吗

在农耕文明时代，社会需要人力和畜力；而在工业时代，人类需要能量。人们可以用人均产生和消耗能量的多少来衡量社会发展水平的高低。

关于**能量**的问题扑面而来：能量有哪些来源？具有什么形式？不同形式的能量能否相互转化？如果能，它们按照什么样的规律转化？

能量守恒定律：
能量既不会凭空产生，也不会凭空消失，只能从一个物体传递到另一个物体，而且能量的形式也可以互相转换。

这时，许多人都冒出了同一个想法，试图制造不用消耗能量也能工作的机器，他们称之为“永动机”，但这些努力全都以失败告终。

最早深入研究能量的人，并非大学教授或者职业科学家，而是英国的一位啤酒商——大名鼎鼎的**詹姆斯·焦耳**，我们会在中学物理课本中遇到他，能量的单位就是以他的名字“焦耳”命名的。

焦耳出生在一个富有的家庭，但由于身体不好，父母

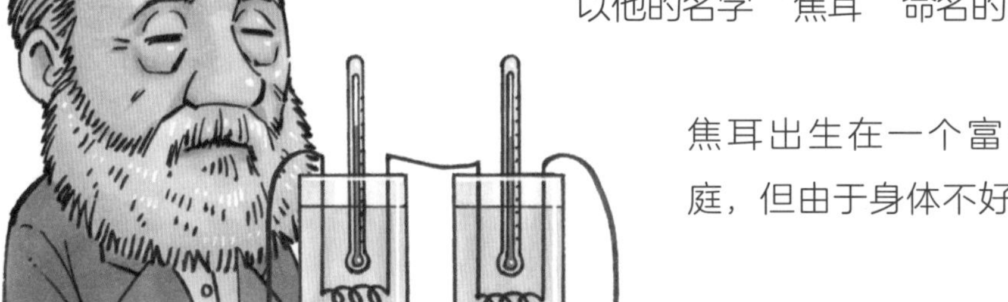

焦耳：科学研究只是我的爱好！

只是将他送到了一个家庭学校读书。在 16 岁那年，焦耳和他的哥哥在著名科学家道尔顿的门下学习数学，因为道尔顿年老多病，无力继续授课，便推荐焦耳进入曼彻斯特大学学习。毕业后，焦耳开始参与自家啤酒厂的经营，并且在啤酒行业做得风生水起。起初，做科学研究只是焦耳的个人爱好，不过随着在科学上取得的成就越来越高，他在科学上花的精力也就越来越多。

1838 年，焦耳在《电学年鉴》上发表了第一篇科学论文，但是影响力并不大。1840—1843 年，焦耳发现电流通过导体之后会发热，于是深入研究了电与热之间的关系。

很快，他得出了著名的**焦耳定律**，证明了电流在导体中产生的热量与电流、导体的电阻和通电时间有关。

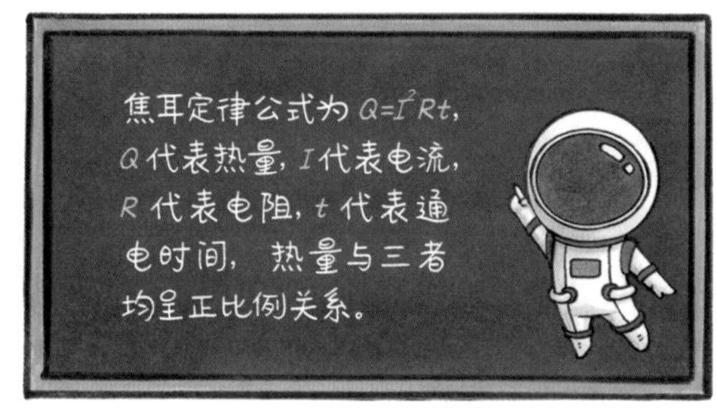

这个公式是今天电学的基础，焦耳发现它后兴奋不已。不过，当焦耳把研究成果投给英国皇家学会时，皇家学会并没有意识到，这是人类历史上最重要的发现之一，而是对这位“乡下的业余爱好者”的发现表示怀疑。被皇家学会拒绝后，焦耳并不气馁，而是继续他的科学研究。在曼彻斯特，焦耳很快成了当地科学圈里的核心人物。

1840 年以后，焦耳的研究扩展到机械能（当时也称为功）和热能的转换。不那么准确地说，机械能是物体运动带来的能量，热能是物体温度变化带来的能量，这两种能量可以相互转化。蒸汽机就是能量转换的案例之一：给水加热是获取热能的过程，而水蒸气上升推动机器运动则是热能转化为机械能的过程。

1845 年，焦耳在剑桥大学宣读了他最重要的一篇论文——《关于**热功当量**》。在这次报告中，他介绍了物理学上著名的**功能转换实验**，同时还给出了对热功当量常数的估计。1850 年，他给出了更准确的热功当量值 4.159，非常接近今天精确计算出来的常数值。

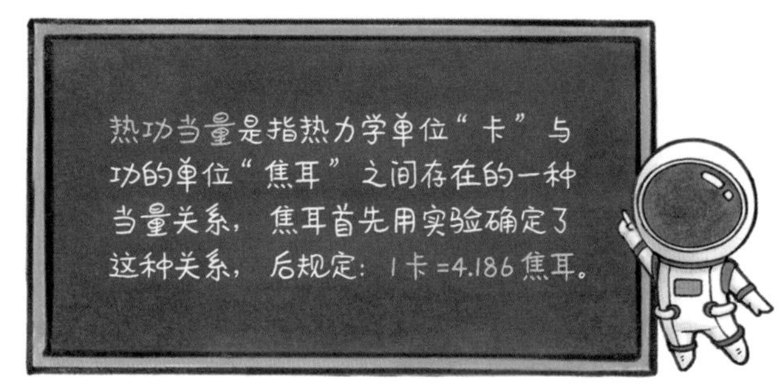

几年后，科学界逐渐接受了焦耳的功能转换定律。1850 年，焦耳当选英国皇家学会会员。两年后，他又获得了当时世界上最高的科学奖——皇家奖章。

验证功能转换定律

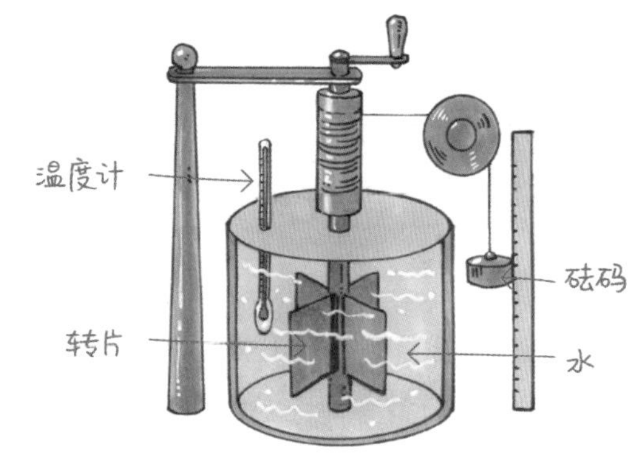

在焦耳之前，人类对能量的了解非常有限，某些发明家还试图发明不消耗能量的永动机，焦耳通过他的研究成果告诉人们，能量是不可能凭空产生的，它只能从一种形式转换成另一种形式，这就是能量守恒定律。因此，永动机是不可能出现的，人类能做的无非是提高能量转换的效率。

恩格斯称，能量守恒为 19 世纪三大科学发现之一，而另外两大发现则是我们接下来要介绍的细胞学说和进化论。

人体由什么组成

自古以来，人类一直试图搞清楚两件事：我们生活的宇宙由什么构成？我们自己由什么构成？有趣的是，比起了解自己，人类似乎更了解这个世界。到 19 世纪的时候，人类已经了解了构成宇宙的星系和构成世界的物质，却对生命的基本构成所知甚少。

最早系统研究生物学的学者当数亚里士多德，他依据外观和属性对植物进行了简单的分类整理。中国明朝的李时珍通过研究植物的药用功能，对不少植物做了分类，但是其研究也仅限于植物的某些药物特性。这种对外观、生物特征和一些物理化学特性的研究，属于生物学研究的第一个阶段，即表象的研究。当然，表象的研究通常只能得到表象的结论。按照今天的标准来衡量，无论是亚里士多德还是李时珍，对动植物的研究都有很多不科学、不准确的地方。

对生物第二个层面的研究是探究生物体内部的结构，以及内部各部分（如器官）的功能，这就要依赖解剖学了。今天，一些书中将古希腊的希波克拉底作为解剖学的鼻祖，在他所处的年代，解剖学已经比较普及了。只不过希波克拉底记载了当时的解剖学成就，比如古希腊人对骨骼、肌肉、器官的研究。在希波克拉底前后的几十年间，**古希腊的雕塑**水平大大提高，这

《掷铁饼者》是古希腊雕刻家米隆于约公元前 450 年雕刻的青铜雕塑，原作已经丢失，复制品现收藏于罗马国立博物馆、特尔梅博物馆、梵蒂冈博物馆。

和当时解剖学的进步密切相关。

在古罗马帝国分裂之后，世界医学的中心从欧洲转移到了阿拉伯帝国及其周围地区。当时这些地区对人和动物器官功能的研究比古希腊和古罗马时期又进了一步。

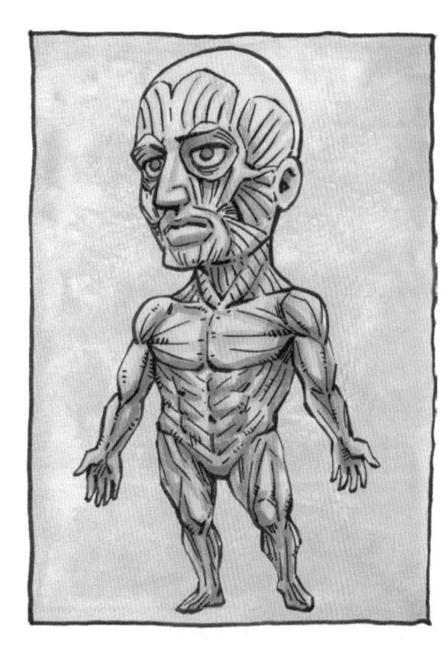

文艺复兴之后，生理学研究的中心又转回欧洲，包括达·芬奇等科学先驱在内，很多科学家偷偷地进行解剖学的研究，从而对人类自身和动物（比如鸟类）的结构有了比较准确的了解。但是，真正开创近代解剖学的是生活在布鲁塞尔的尼德兰医生安德雷亚斯·维萨里，他于 1543 年完成了解剖学经典著作**《人体的构造》**一书，系统地介绍了人体的解剖学结构。在书中，维萨里亲手绘制了很多插图。为了画得准确，他甚至直接拿着人的骨头在纸上描。这本书让后来的学者对人体的结构和器官功能有了直观的了解，维萨里也因此被誉为“解剖学之父”。

虽然在解剖学的基础上，现代医学建立了起来，但是通过肉眼只能观察到器官，看不到更微观的生物组织结构（如细胞），更不用说搞清楚生物生长、繁殖和新陈代谢的原理了。这就需要通过仪器的帮助，进入第三个层面的研究，即深入到组织细胞。

1665 年，英国科学家胡克利用透镜的光学特性，发明了早期的显微

镜。通过这个显微镜，胡克观察了**软木塞**的薄切片，发现里面是一个个的小格子。他把这些画了下来。当时胡克并不知道自己发现了**细胞**（更准确地说是死亡细胞的细胞壁），因此就把它称为小格子（cell），这就是英文细胞一词的来历。虽然胡克看到的只是细胞壁，而没有看到里面的生命迹象，但是人们还是将细胞的发现归功于他。

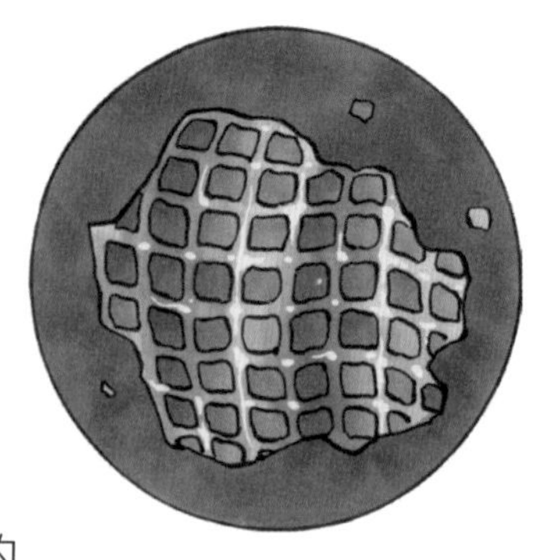

软木细胞

真正发现活细胞的是我们在前面提到的荷兰生物学家、显微镜的制造商列文虎克。1674 年，列文虎克用显微镜观察雨水，发现里面有微生物，这是人类历史上第一次（有记载的）发现有生命的细胞（细菌）。在那之后，他又用显微镜看到了动物的肌肉纤维和毛细血管中流动的血液。

一般认为，汉语“细胞”一词来源于李善兰翻译的《植物学》，该书中提到的“此细胞一胞为一体，相比附而成植物全体”。其中的细胞正是英文“cell”。而在《植物学》中，“cell”还被译为“子房室”“子房”等词。

然而，列文虎克虽然看到了细胞，但是并没有想到它们就是组成生物体的基本单位。直到 19 世纪初，法国博物学家拉马克提出一个假说，即生物所有的器官都是细胞组织的一般产物，但是拉马克无法证实自己的假说。

1838 年，德国科学家施莱登通过对植物的观察，证实了细胞是构成所

有植物的基本单位。第二年，施莱登的好伙伴、德国科学家施旺将这个结论推广到动物界。之后他们一同创立了细胞学说。

动物细胞
植物细胞
中心体
细胞膜
内质网
核糖体
细胞核
高尔基体
细胞质
线粒体
叶绿体
液泡
细胞壁

细胞学说首先在植物上得到了验证。因为植物有**细胞壁**，容易在显微镜下被观察到，而观察动物细胞就相对难一些。直到后来，施旺在高倍数的显微镜下才发现了动物细胞的细胞核和细胞膜，以及两者之间的液状物质（细胞质）。同时，两位科学家认为，细胞中最重要的是细胞核，而不是外面的细胞壁，老细胞核中能长出一个新细胞。

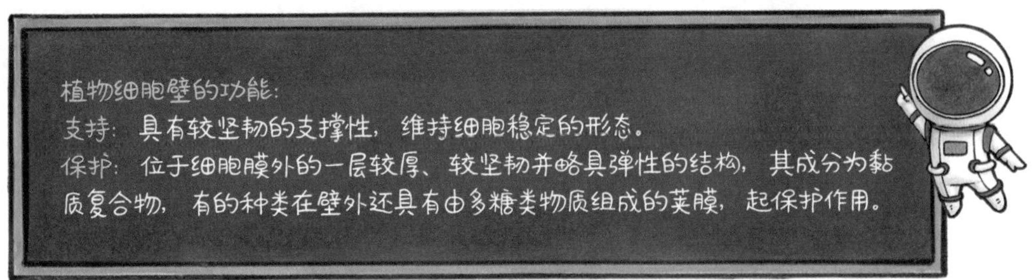

后来，施莱登的朋友内格里用显微镜观察了植物新细胞的形成过程和动物受精卵的分裂过程，发现老的细胞会分裂出新的细胞。在此基础上，1858 年，德国的魏尔肖总结出，“细胞通过分裂产生新细胞”。

对生物第四个层面的研究则是在细胞内部了。随着生物知识的积累以及显微镜的改进，人类能够了解到构成细胞的有机物，包括它的遗传物质。因此，20 世纪之后，生物学从细胞生物学进入分子生物学阶段。

生物学的历史虽然很长，但是它的发展到了 19 世纪后才突然加速。这里面有两个主要原因：一是仪器的进步，特别是显微镜的进步和普及；二是学术界此时普遍开始自觉运用科学方法论。

然而，人类还有两个难题没有搞清楚：一是为什么一些物种之间存在高度的相似性，二是所有的物种究竟从何而来。

你真的懂进化论吗

早在 18 世纪末，月光社的成员老达尔文就提出了进化论的初步想法，但是当时只是假说而已。1809 年，拉马克提出了“用进废退”和“获得性遗传”的假说，即生物体的

器官经常使用就会变得发达，不经常使用就会逐渐退化，而生物后天获得的特征是可以遗传的。比如，为什么长颈鹿长着长脖子？因为它们为了吃到树上的树叶，就不断伸长脖子，于是脖子就越用越长，并且长颈鹿将这个特征传给了后代。

拉马克的学说很容易理解，然而却有很多破绽。质疑者将老鼠的尾巴切掉，老鼠的后代却依然长着尾巴，失去尾巴的“特征”并没有传给后代。这说明，后天的获得性特征是无法遗传的。

查尔斯·达尔文，英国博物学家

在探寻生物遗传和进化的路上，老达尔文的孙子**查尔斯·达尔文**迈出了伟大的一步。

达尔文从小对博物学感兴趣，在大学期间，他也听说了拉马克的理论，但达尔文有自己的想法。毕业后，他和一些同学一起前往马德拉群岛研究热带博物学。

达尔文发现，在那些与世隔绝的海岛上，昆虫的样子与大陆上截然不同。他认为，那些存活下来的昆虫，为了在海岛特定的环境中生存，改变了自身的特征。这个发现非常重要，导致了他后来进化论中“自然选择”和“适者生存”两个理论的提出。

1831 年 12 月，达尔文以博物学家的身份登上小猎犬号军舰，开始了长达 5 年的环球考察。每到一处，达尔文都会做认真的考察和研究。

他跋山涉水，采集矿物和动植物标本，挖掘了**生物化石**，发现了很多从来没有被记载的新物种。通过对比各种动植物标本和化石，达尔文发现，从古至今，很多旧的物种消失了，很多新的物种产生了，并且随着地域的不同而不断变化。

化石是古生物留给我们的遗书

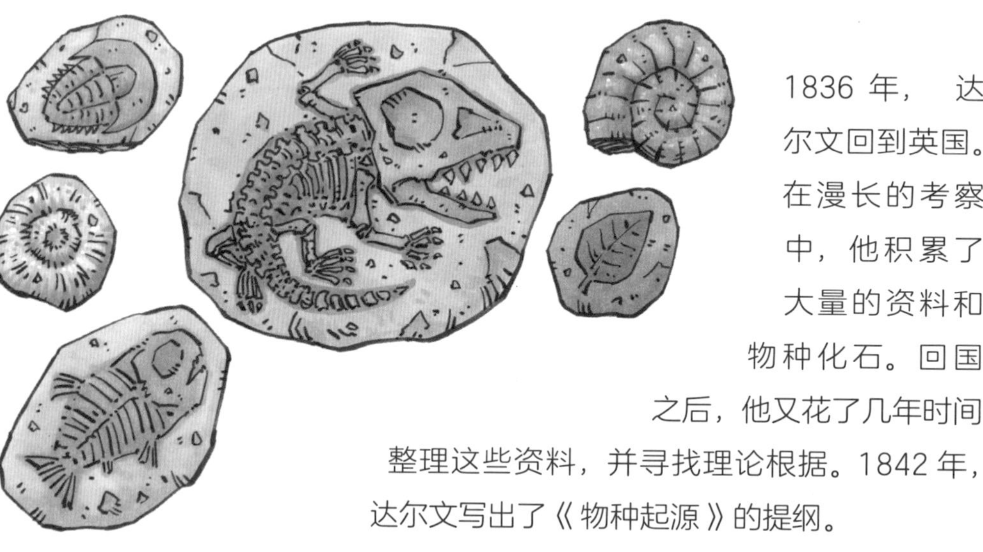

1836 年，达尔文回到英国。在漫长的考察中，他积累了大量的资料和物种化石。回国之后，他又花了几年时间整理这些资料，并寻找理论根据。1842 年，达尔文写出了《物种起源》的提纲。

但是在接下来的十几年里，达尔文却没有继续写作，这又是为什么呢？因为达尔文很清楚，在欧洲历史上，有许多科学家都深受**教会**的迫害，他的理论一旦发表，将颠覆整个基督教立足的根本。

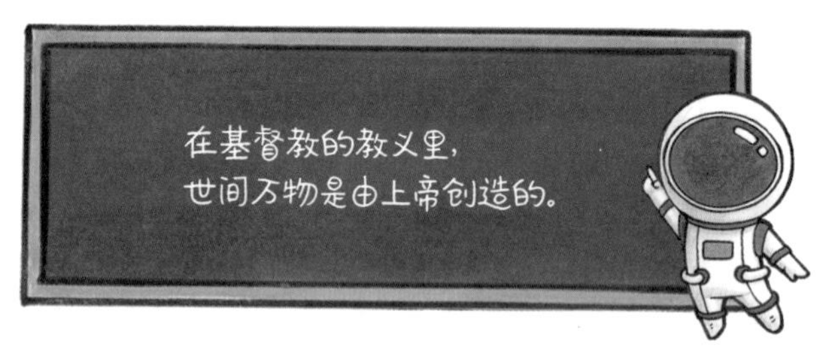

1859 年，达尔文出版了人类历史上最具震撼力的科学巨著《物种起源》。他在书中提出了完整的进化论思想，指出物种是在不断地变化之中，是由低级到高级、由简单到复杂的演变过程。对于进化的原因，

达尔文用 4 条根本的原理进行了合理的解释：

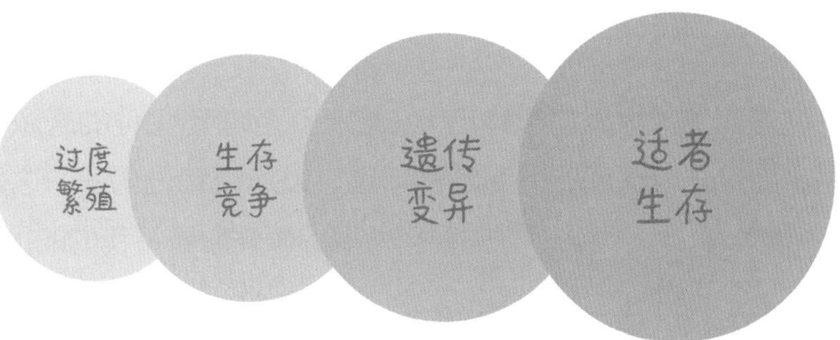

达尔文的理论一发表，就在全世界引起了轰动。他的理论说明，这个世界是演变和进化来的，而不是神创造的。进化论对基督教的冲击远大于哥白尼的日心说，教会上下果然狂怒，对达尔文群起而攻之。但在这愤怒的背后，则是恐慌。

和教会态度相反的，是**赫胥黎**等许多进步的学者，他们积极宣传和捍卫达尔文的学说。赫胥黎指出，进化论解开了思想的禁锢，让人们从宗教迷信中走出来。

然而，分歧并未从此消失，进化论与神创论的争论持续了上百年。直到 21

世纪，美国最后几个保守的州才明确规定，中学教学中要讲授进化论。2014 年，教会终于公开承认进化论和《圣经》并不矛盾，进化论才算是取得了决定性的胜利，这时离达尔文去世已经过去 130 多年了。

达尔文的进化论对世界的影响巨大，它不仅回答了物种的起源和进化的问题，而且告诉人们，世间万物都是可以演变和进化的。这是在牛顿之后，又一次让人类认识到需要用发展的眼光来看待我们的世界。

电是怎么来的

蒸汽动力带来了第一次工业革命，而我们无比熟悉的电则带来了第二次工业革命。虽然在目前人类文明 98% 的时间里，人类的生活并不依赖电，但今天我们似乎已经无法想象没有电的生活。电是自古以来就有的现象，但直到近代，人类才搞清楚电是怎么回事。

在古代，人们把雷电称为“天上的电”，把静电称为“地上的电”。

最早关于静电的记载，是在公元前 7 世纪到公元前 6 世纪的时候，古希腊哲学家泰勒斯发现用毛皮摩擦琥珀后，琥珀会产生静电而吸住像羽毛之类的轻微物体。电荷一词 electron 就源自希腊语“琥珀”。后来，人类又发现用玻璃棒和丝绸摩擦会产生另一种静电，它和琥珀上的电性质相反，于是就有了琥珀电和玻璃电之分。

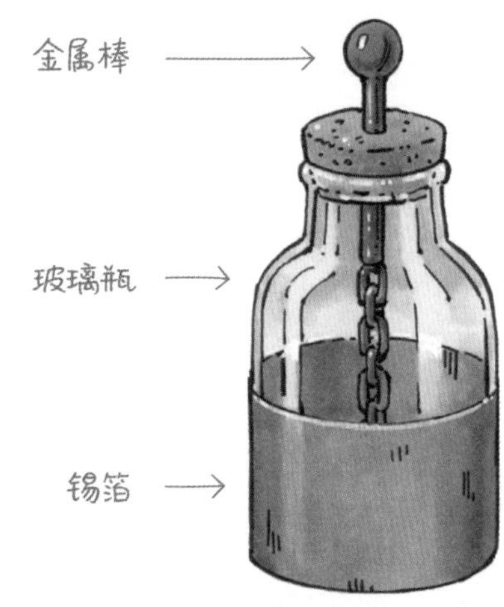

莱顿瓶

1745 年和 1746 年，德国科学家克莱斯特与荷兰莱顿地区的科学家米森布鲁克分别独立发明了一种存储静电的瓶子。因为这种瓶子首先在莱顿地区试用，人们就将它称作“**莱顿瓶**”。

开始人们一直没有把雷电与静电联系在一起，直到**本杰明·富兰克林**进行著名的**雷电实验**。1752 年 7 月，一个雷雨交加的日子，在美国费城郊外一间四面敞开的小木棚下，富兰克林和他的儿子威廉，将一只用丝绸做成的风筝放上了天空，企图引下天空中的雷电。

风筝顶端绑了一根尖细的金属丝，作为吸引电的“先锋”，中间是一段长长的绳子，打湿以后就成了导线。绳子的末梢系上充作绝缘体（不导电）的绸带，绸带的另一端则在实验者的手中。因为金属导电性更好，在绸带和绳子的交接处，还挂上了一把金属钥匙。为了避免实验者触电，实验者手中的绸带必须保持干燥，这就是富兰克林躲在小木棚下的原因。

随着一道长长的闪电，风筝引绳上的纤维丝纷纷竖立起来，富兰克林

这个实验具有一定的危险性，
切勿模仿！

心里一阵高兴，不禁伸出左手抚摸了一下，忽然“哧”的一声，在他的手指尖和钥匙之间跳过一个小小的火花。富兰克林只觉得左半身麻了一下，手不由自主地缩了回去。

“这就是电！”他兴奋地叫喊道。

随后，他将雷电引入莱顿瓶中带回家，用收集到的雷电做了各种电学实验，证明了天上的雷电与人工摩擦产生的静电性质完全相同。

富兰克林把他的实验结果写成一篇论文发表，从此在科学界名声大噪，并且根据电的性质，富兰克林发明了避雷针。不久，避雷针便普及世界各地。当然，他在电学上的贡献不仅于此，他还有以下诸多成就：

揭示了电的单向流动（而不是先前认为的双向流动）特性，并且提出了电流的概念。

合理地解释了摩擦生电的现象。

提出电量守恒定律。

定义了我们今天所说的正电和负电。

富兰克林

要深入研究并使用电能，就需要获得足够多的电。显然，靠摩擦产生的静电是不够用的。最早解决这个问题的是意大利物理学家亚历山德罗·伏特，他发明了**电池**。

伏特发明电池是受到另一位科学家路易吉·伽伐尼的启发。路易吉在解剖青蛙时意外地发现，两种不同的金属接触到青蛙会产生微弱的电流，他认为这是来自青蛙体内的生物电。

然而伏特意识到，这可能是因为两种不同的金属有“电势差”，而青蛙仅仅是导体。1800 年，伏特用盐水代替青蛙，将铜和锌两种不同的金属板放入盐水中，它们之间产生了微弱的电压。后来，伏特通过串联的方式，制作了超过 4 伏特电压的电池。

有了电池，电学的研究开始不断取得重大突破。人们为了纪念这位电学的开拓者，将他的名字“伏特”作为**电压**的计量单位。

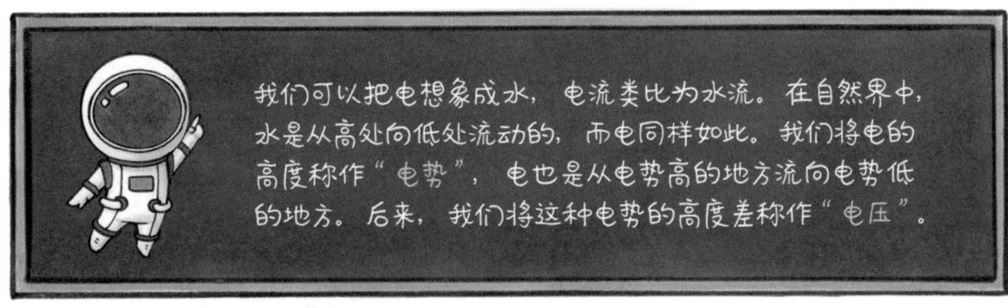

除了在科研和生活中有实际的用途，电池还证实了一件事，就是能量是可以相互转化的。当然，在伏特的年代，大家还不知道这个道理。此外，电池其实还向人类展示出一种新的能量来源——化学能。

化学电池可以用于在实验室做实验，但不足以提供工业和生活用电，因为电池里的电量太少了，而且价格昂贵。要获得大量的电能就需要发电，也就是将其他形式的能源转换成电能。所幸的是，有了伏特电池，科学家了解了电学的原理，特别是电和磁的关系，而最后实现机械能与电能的相互转换，则经历了大约半个世纪的时间。

电力时代到来

1820 年，丹麦物理学家汉斯·奥斯特无意间发现了通电导线旁边的磁针会改变方向，因此发现了电磁效应。同年，法国科学家安培受到奥斯特的启发，发现了通电线圈和磁铁有相似的性质，进而发现了电磁。这是人类在发现天然磁现象之后，首次通过电流产生磁场。安培接下来又完成了电学史上几个著名的实验，并且总结出电磁学的很多定律，比如安培右手定律等。

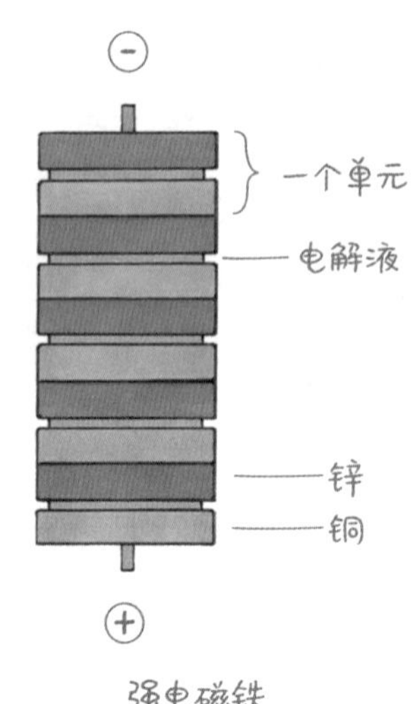

强电磁铁

19 世纪初，普林斯顿大学的教授约瑟夫·亨利独自发现了强电磁现象，并且发明了**强电磁铁**。亨利用纱包铜线围着一个铁芯缠了几层，然后给铜线圈通上电流，发现这个小小的电磁铁居然能吸起百倍于自身重量的铁块，比天然磁铁的吸引力强多了。今天强电磁铁成了发电机和电动机中最核心的部分。

电能不会凭空产生，它必须从其他能量转换而来，靠电池这种将很少化学能变成电能的装置，显然不足以满足大量的电力需求。因此，需要发明一种设备能够将机械能、热能或者水能源源不断地转化为电能，这就是我们今天所说的发电机。

世界上第一台真正能够工作的直流发电机是由德国的发明家、商业巨子**维尔纳·冯·西门子**设计的。西门子本身就是一个企业家，他搞发明更多的是为了应用（用西门子公司官方网站上的说法是“应用导向的发明”）。1866年，他受到法拉第研究工作的启发，发明了直流发电机，随后就由他自己的公司制造了。从此，人类又能够利用一种新的能量——电能，并且由此进入了电力时代。

西门子（siemens）是物理电路学的国际单位制中，电导、电纳、导纳，三种导抗的单位。西门子的符号为S，中文简写为［西］。这正是为了纪念德国电气工程学家维尔纳·冯·西门子。

电的使用直接导致了以美国和德国为中心的第二次工业革命。在全世界范围，对于电的普及和应用贡献最大的两位发明家，当数爱迪生和特斯拉。

爱迪生至少有三个标签：自学成才、大发明家、“老年”保守。第一个

拥有超过 2000 项发明的大发明家

标签其实意义不大，第三个是误解，第二个才是他真实的身份。

在很多的励志故事中，**爱迪生**被说成一个带有残疾（耳聋）、没有机会接受教育、靠自学成才和努力工作成就一番事业的发明家。爱迪生的父母并不是没受过教育的底层人，他的父亲是一位不成功的商人，他的母亲当过小学教师。爱迪生虽然只在学校里上了三个月的学，但是他的母亲一直在家里给他传授知识。爱迪生从小就对新事物好奇，爱做实验，喜欢发明东西。

爱迪生广为人知的是他发明了实用的电灯、留声机和电影机等大量电器。他发明电灯的故事可谓家喻户晓，这也成为众多励志读物的内容。通常大家强调的是爱迪生勤奋的一面。我们从另一个角度来看，爱迪生发明白炽灯时是如何解决问题的。

在爱迪生之前，人们已经懂得电流通过**电阻**会发热，当电阻的温度达到 1000 多摄氏度后就会发光，但是大部分金属在这个温度下已经熔化或者迅速氧化了。因此，之前处于研究阶段的电灯不仅价格昂贵，而且用不了几个小时就烧毁了。爱迪生的

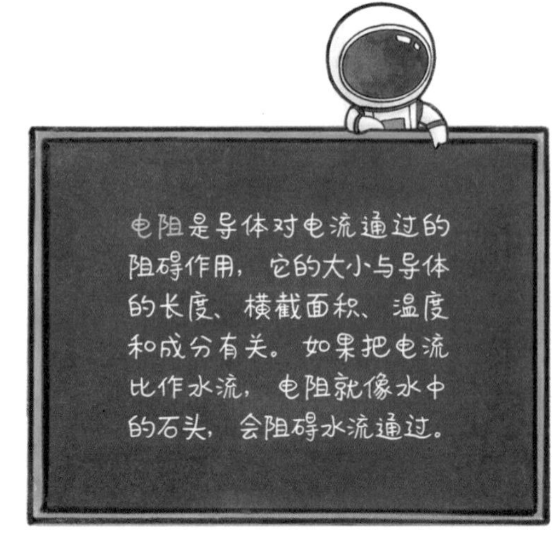

白炽灯

天才之处在于他发现了问题的关键——**灯丝**，因为将灯丝加热到 1000 多摄氏度而不被烧断可不容易。因此，爱迪生首先考虑的就是耐热性。

为了改进灯丝，他和同事先后尝试了 1600 多种耐热材料。他们实验过碳丝，但是当时没有考虑碳丝高温时容易氧化的特点，因此没有成功。他们还实验了贵重金属铂金，它几乎不会氧化，而且熔点很高（ 1773 摄氏度 ）。但铂金非常昂贵，这样的灯泡大家根本买不起。

在大量的实验过程中，他们发现将灯泡抽成真空后，可以防止灯丝的氧化。于是，爱迪生又回过头来重新尝试他过去所放弃的各种灯丝材料，并发现竹子纤维在高温下碳化形成的碳丝是合适的灯丝材料，这才发明出可以工作几十个小时的电灯。但是碳丝太脆易损，于是爱迪生再次改进，最后找到了更合适并被使用至今的**钨丝**。

钨的熔点高达 3400 多摄氏度，而且不容易氧化，加上钨丝的延展性很好，不容易断裂，是制作灯丝的理想材料。

在发明白炽灯的过程中，爱迪生不是蛮干，而是一边总结失败的原因，一边改进设计。在科研中，从来不乏勤奋的人，但是更需要爱动脑筋的人，爱迪生就是这样的人。

爱迪生的第三个标签是“老年”保守，拒绝使用交流电，而且还发表了很多贬低交流电的不实之词。交流电可以配备高电压，在输电的过程中电能损耗可以忽略不计。当时的直流电无法配备高电压，在输电的过程中电能损耗大，难以远距离传输。

特斯拉，交流电之父

爱迪生和**特斯拉**就输电方式争论时，刚刚 40 岁，并非老年。这场争论也并非单纯的技术问题，更多的是商业问题。

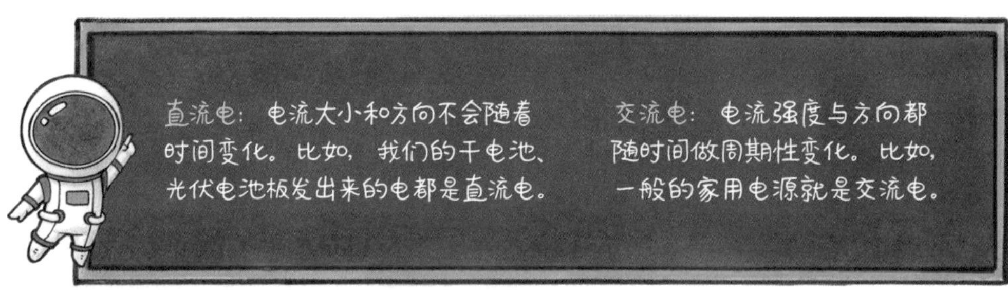

直流电：电流大小和方向不会随着时间变化。比如，我们的干电池、光伏电池板发出来的电都是直流电。

交流电：电流强度与方向都随时间做周期性变化。比如，一般的家用电源就是交流电。

当时，交流输电、发电以及交流发电机技术的专利在**西屋电气公司**和特斯拉手中。而爱迪生曾经是特斯拉的老板，两人不合，爱迪生无法低价从特斯拉那里获得专利使用权。而且虽然当时的直流输电有损耗，但依然能够维持爱迪生公司的运营。

相比讲究实际的爱迪生，特斯拉则是一个喜欢狂想、超越时代的人。他有很多超前的想法，比如无线传输电力（直到今天才实现）。特斯拉一生有无数的发明，他靠转让专利赚的钱比办公司多得多。然而，特斯拉后来又将所有的钱投入研究那些至今无法实现的技术上，最后一无所获。他的晚年过得十分悲惨，在他去世前，已经没有人关注这位伟大的发明家了。直到今天，人们才重新关注他。

西屋电气公司采用了特斯拉的技术，为此支付了高额的专利费，除了一次性支付 6 万美元现金以及股票，同时每度电还要再支付 2.5 美元，西屋电气差点因此破产。最后，经过与特斯拉等人的协商，西屋电气公司以相对合理的价钱（近 22 万美元）买断了他们的专利，西屋电气才算是活了过来，并使交流电在全世界得以普及和推广。

今天，80%~90% 的产业在人类学会使用电之前就已经存在了，但电使这些产业脱胎换骨。比如在交通、城市建设等方面，电梯发明后，在美国的纽约和芝加哥等大城市，摩天大楼开始如雨后春笋般地出现，而有轨电车和地铁也带来了城市公共交通的大发展。立体城市和交通的发展又导致了超级大都市的诞生。

电本身还有一些特殊的性质（如正负极性），利用这些性质可以让物质发生化学变化。比如，通过电解，人类发现了很多新的元素，如钠、钾、钙、镁等。电解法也改变了冶金业，纯铜和铝就是靠这种方法生产的。

此外，电影的出现改变了人类的娱乐方式；电灯的出现改变了人类几万年来日出而作、日落而息的生活习惯。

电不仅可以承载能量，还能承载信息，这就导致了后来的通信革命。

电报与电话

在人类几千年的文明史上，远距离快速传递信息一直是个大问题。

人类发明语言、文字和书写系统，写字的泥板、竹简，还有纸张和印刷术，都是为了信息的传递。

直到 19 世纪初，即使最紧急的时候，人们也还只能选择“飞鸽传书”或“快马加鞭”。中国古代倒是有过远程传输信息的发明——**烽火台**。当边境有外敌入侵时，守军点燃高处的烽火台，远处另一个烽火台的守军看到后，点燃自己的烽火台依次传递该消息。

烽火台确实发挥过巨大的作用，但烽火台所能传达的信息只有两种，有敌情或没有敌情。

如何向远距离传递多种信息呢？大航海时代，为了便于船队之间的通信，水手发明了**信号旗**。海上的信号旗语后来不断发展、不断改进，一直沿用至今。

今天国际通用的海上信号旗

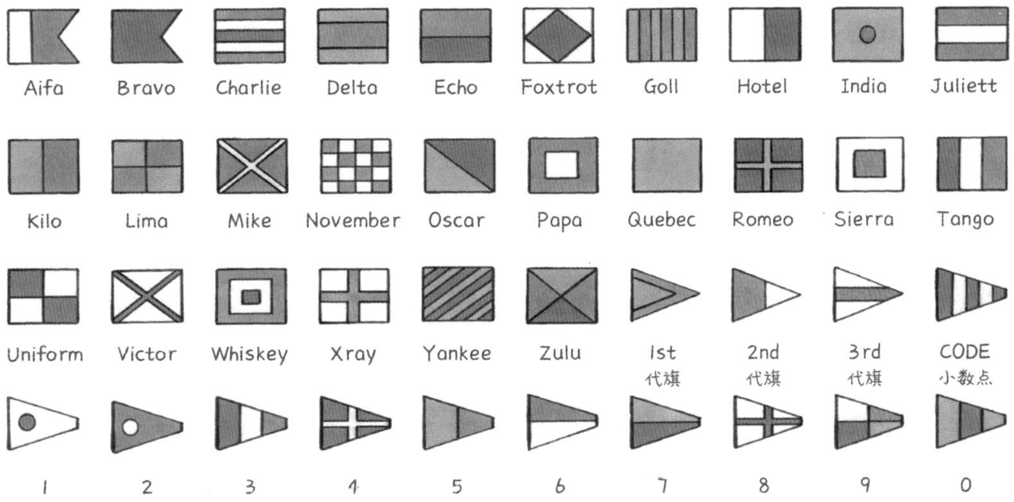

但是在陆地上，由于有山峦、森林和城市的阻挡，这种方法无法使用。到了 18 世纪末，一位默默无闻的法国工程师**克洛德·沙普**结合烽火台和信号旗的原理，试图设计一种高大的机械手臂来实现远程传递信息。

沙普在他 4 个兄弟的帮助下，搭建了 15 座高塔，绵延 200 千米，每座高塔上有一个**信号臂**，每个信号臂有 190 多种姿势，这样就足以把拉丁文中的每个字母和姿势一一对应起来。

虽然这种信号塔的造价比较贵，但是当时法国正好在和奥地利等反法同盟国家开战，急需传递情报的系统，于是一口气建造了 556 座，在法国建立起了庞大的通信网。由于信号塔在通信中的有效性，后来西班牙和英国也纷纷效仿，但是它们改进了沙普的设计，让信号臂的姿势看起来更清楚。直到电报出现之后，信号塔的作用才慢慢消失。

信号臂的姿势对应的字母和数字

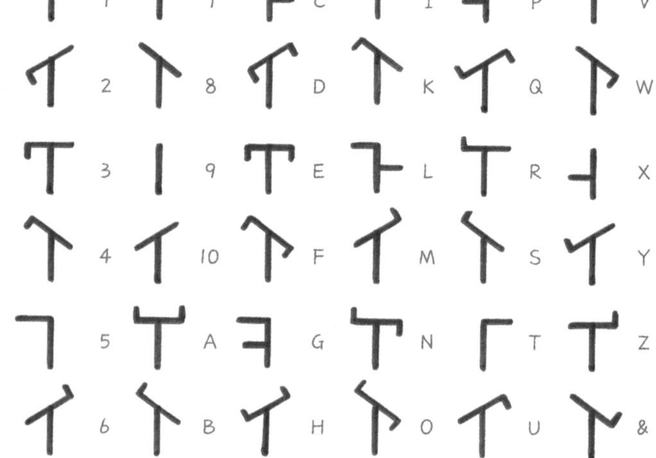

沙普设计的信号臂

电报的发明要感谢一位精通数学和电学的美国画家**塞缪尔·莫尔斯**。莫尔斯本身是一位优秀的画家，很多名人（包括美国第二任总统约翰·亚当斯）都请他画过肖像画。即使在发明了电报之后，他还是继续以作画卖画为主业。

莫尔斯发明电报是一个偶然事件。1825 年，莫尔斯接了个大合同，纽约市出 1000 美元请他去画画。莫尔斯当时住在康涅狄格州的纽黑文市，而作画地点是 500 千米外的华盛顿市，但是为了这 1000 美元（相当于现在的 70 万美元）巨款，他还是去了。在华盛顿期间，莫尔斯收到了父亲的来信，说他的妻子病了，莫尔斯马上放下手上的工作赶回家。但是等他赶到家时，他的妻子已经下葬了。这件事对他的打击非常大，从此他开始研究快速通信的方法。

莫尔斯的电学和数学基础扎实，他解决了电报的两个最关键的问题：一是如何将信息或文字变成电信号，二是如何将电信号传到远处。

1836 年，莫尔斯解决了电信号对英语字母和数字编码的问题，这便是**莫尔斯电码**。我们在谍战片中经常看到发报员“嘀嘀嗒嗒”地发报，这源于继电器开关接触时间的不同。“嘀”是开关短暂接触，“嗒”是开关长时间接触，“嗒”至少是“嘀”三倍的时间。这样，用“嘀嗒”的组合就可以表示出所有的英语字母与数字。

莫尔斯电码对英文字母和数字的编码

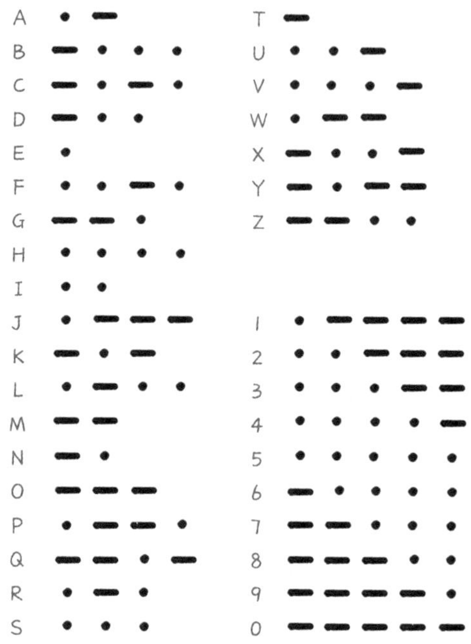

字符	编码	字符	编码
A	· —	T	—
B	— · · ·	U	· · —
C	— · — ·	V	· · · —
D	— · ·	W	· — —
E	·	X	— · · —
F	· · — ·	Y	— · — —
G	— — ·	Z	— — · ·
H	· · · ·		
I	· ·		
J	· — — —	1	· — — — —
K	— · —	2	· · — — —
L	· — · ·	3	· · · — —
M	— —	4	· · · · —
N	— ·	5	· · · · ·
O	— — —	6	— · · · ·
P	· — — ·	7	— — · · ·
Q	— — · —	8	— — — · ·
R	· — ·	9	— — — — ·
S	· · ·	0	— — — — —

1838 年，莫尔斯研制出点线发报机，解决了信号传送问题。这个装置颇为巧妙，当发报人将继电器开关短暂接通后（发出“嘀”声），接收装置上的纸带就往前挪一小段，同时有油墨的滚筒就在纸带上印出一个点；当电路接通较长时间（发出“嗒”声）后，接收装置上的纸带就往前走一大段，同时油墨印出一条较长的线。接收人根据纸带上的油墨印迹，对应莫尔斯电码，就可以转译成文字。

1844 年，美国第一条城际电报线（从巴尔的摩到首都华盛顿）建成，在通信史上具有划时代意义，从此人类进入了即时通信时代。

电报被发明出来后，最早帮助普及电报业务的是新闻记者，因为他们有大量的电报需要发送。19 世纪 40 年代末，纽约 6 家报社的记者组成了纽约港口新闻社（美联社的前身），他们彼此用电报传送新闻。从此，世界各地的新闻社开始涌现。

1849 年，德国人路透将原来的信鸽通信改成了电报通信，传递股票信息。两年后，他在英国成立了办事处，这就是后来路透社的前身。1861 年，美国建成了贯穿北美大陆的**电报线**，以前使用马车传递信件

需要 20 天的时间，而通过电报几乎瞬间便可完成了，美国的快马邮递逐渐退出了历史舞台。

1866 年 7 月 13 日，美国企业家赛勒斯·韦斯特·菲尔德在经历了 12 年的努力之后，终于完成了跨越大西洋的海底电缆的铺设，欧洲旧大陆从此和美洲新大陆连接在了一起。

除了为新闻通信服务，电报很快被用于了军事。借助电报的即时通信优势，德国军事家老毛奇提出了一整套全新的战略战术，让不同区域的军队能够更好地彼此配合，这使得他们称霸欧洲。同时，为了保密，电报还促进了信息加密技术的发展。

对老百姓来说，比电报更实用的远程通信是电话。因为普通的家庭是不可能自己装电报机的，一般人也不会去学习莫尔斯电码和收发电报。

一般认为，美国发明家、企业家**亚历山大·贝尔**发明了电话，并且创立了历史上最伟大的电话公司 AT&T（美国电话电报公司，贝尔电话公司的前身）。

亚历山大·贝尔：喂？

不过，为了讨意大利人的欢心，2002 年美国国会认定电话发明者是意大利人安东尼奥·梅乌奇，他确实在贝尔之前发明了一种并不太实用的电话原型机。但即使在意大利，也没有多少人知道他。

贝尔的母亲和妻子都是聋哑人，贝尔本人则是一个声学家和哑语教师。他一直想发明一种助听设备帮助聋哑人，而最终却发明了**电话**。

1873 年，贝尔和他的助手托马斯·奥吉斯塔吉·沃森开始研制电话。当时，全世界有不少人都在致力于发明电话，而且进度相差不多。贝尔能够获得电话的专利，要感谢他的合作伙伴哈伯德。1875 年 2 月 25 日哈伯德“自作主张”去美国专利局替贝尔申请了专利。

仅仅几个小时后，另一位发明家伊莱沙·格雷也向专利局提交了类似的电话发明申请。贝尔和格雷不得不为电话的发明权打官司，一直打到美国最高法院。最后，法官认为贝尔提交专利申请的时间更早一点，最终裁定贝尔为电话的发明者。1876 年 3 月 7 日，贝尔获得了电话的专利。

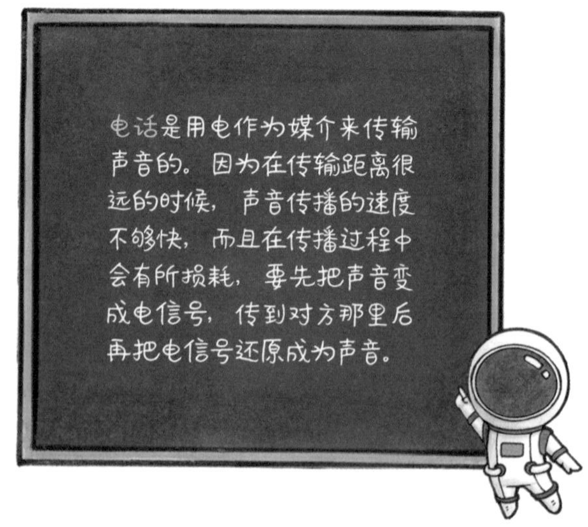

1876 年 3 月 10 日，在实验过程中，沃森忽然听到听筒里传来了贝尔

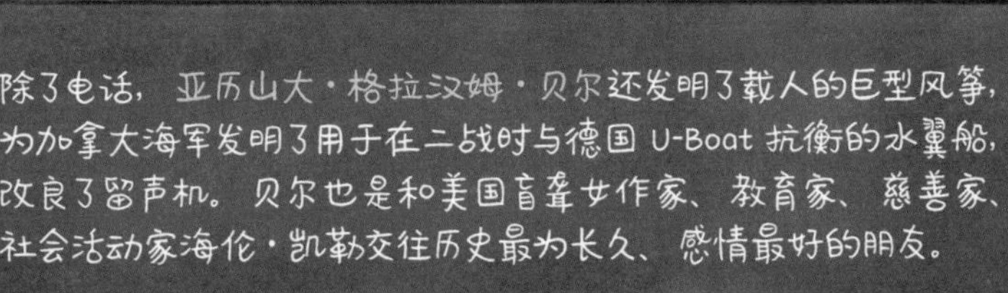
除了电话，亚历山大·格拉汉姆·贝尔还发明了载人的巨型风筝，为加拿大海军发明了用于在二战时与德国 U-Boat 抗衡的水翼船，改良了留声机。贝尔也是和美国盲聋女作家、教育家、慈善家、社会活动家海伦·凯勒交往历史最为长久、感情最好的朋友。

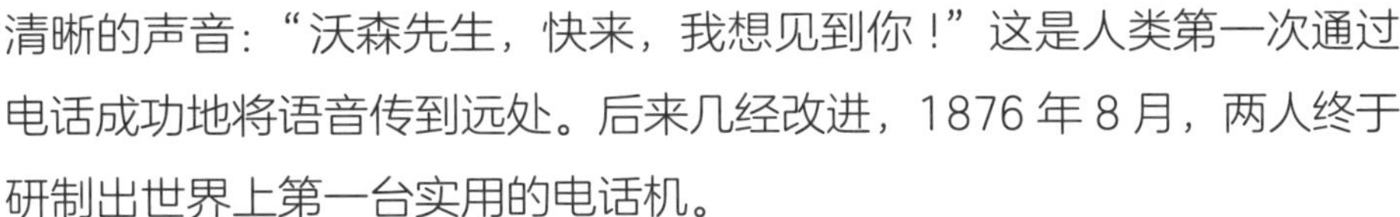
清晰的声音：“沃森先生，快来，我想见到你！”这是人类第一次通过电话成功地将语音传到远处。后来几经改进，1876 年 8 月，两人终于研制出世界上第一台实用的电话机。

贝尔不仅发明了实用的电话，而且还依靠他精明的商业头脑，推广和普及了电话。1877 年，在波士顿建成了全世界第一条商用电话线。同年，贝尔电话公司成立。1878 年，贝尔和沃森在波士顿和纽约进行了首次长途电话实验，并获得成功，这两地之间相隔 300 多千米。1915 年，从纽约到旧金山的长途电话开通，将相隔 5000 多千米的美国东西海岸连到了一起。到 20 世纪初，除了南极洲，世界各大洲都有了四通八达的电话网。原本要几天甚至几个月才能传递的信息，瞬间便可以通过电话完成；原本必须见面才能解决的问题，很多都可以通过电话解决了。

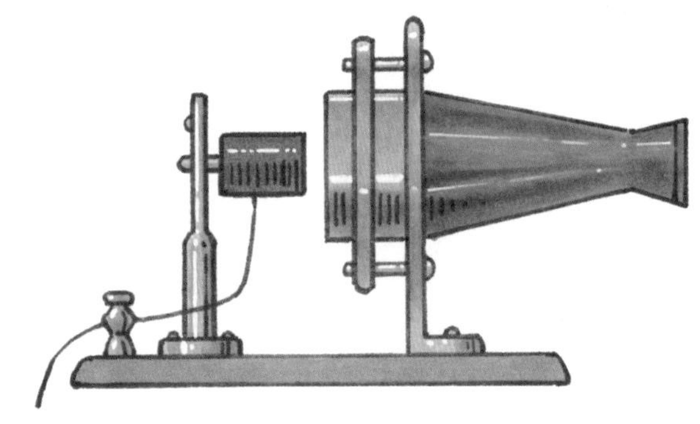
贝尔发明的电话

当电报和电话被发明之后，接下来就轮到广播和电视了。

广播与电视

在介绍广播与电视前，我们先讲与它们紧密相关的无线电。

无线电技术的发展离不开麦克斯韦的电磁学理论。与之前很多电磁物理学家（如法拉第）不同，麦克斯韦的理论水平极高，他建立了非常严密的电磁学理论。1865 年，麦克斯韦在英国皇家学会的会刊上发表了《电磁场的动力学理论》，并在其中阐明了电磁波传播的理论基础。第二年，德国物理学家赫兹通过实验证实了麦克斯韦的理论，证明了无线电辐射具有波的所有特性，并发现了电磁波的波动方程。

电信产业其实只是通信的一部分，广播、电视，乃至整个互联网也都属于广义的通信领域。这些产业之间的关系是这样的：

- 单向一对一的通信：电报
- 单向一对多的通信：广播、电视等
- 双向一对一的通信：电话
- 双向多对多的通信：互联网

1893 年，特斯拉在圣路易斯首次公开展示了无线电通信。1897 年，特斯拉向美国专利局申请了无线电技术的专利，并且在 1900 年被授予专利。然而，1904 年，美国专利局又将其专利权撤销，转而授予了意大利发明家**马可尼**。这种事情在历史上很少见，背后的原因是马可尼有爱迪生的支持，此外他还获得了当时钢铁大王、慈善家安德鲁·卡内基的支持。1909 年，马可尼和卡尔·费迪南德·布劳恩因“发明无线电报的贡献”分享了诺贝尔物理学奖。1943 年，美国最高法院重新认定特斯拉的专利有效，但这时特斯拉已经去世多年了。

马可尼

特斯拉和马可尼的技术最初是用于无线电报，但是很快就被用在了民用收音机上。1906年，加拿大发明家范信达在美国马萨诸塞州实现了历史上首次无线电广播，他用小提琴演奏了《平安夜》，并且朗诵了《圣经》片段。同年，美国人李·德·福雷斯特发明了真空电子管，电子管收音机随即诞生。

1924年，苏格兰发明家约翰·洛吉·贝尔德受到马可尼的启发，利用无线电信号传送影像，并成功地利用电信号在屏幕上显示出图像。15年后（1939年），通用电气的子公司RCA推出了世界上**第一台（黑白）电视机。**又过了15年（1954年），RCA推出了第一台彩色电视机，世界从此进入了电视时代。

第一代电视机，如同一座笨重的大衣柜，木制底座配合着灰色的荧光屏，让人有一种穿越的感觉。

技术进步的作用是全方位的，它不仅能创造财富，也能改善我们的生活，甚至能左右政治。

1960年，在美国大选前期，第一次通过电视转播了总统候选人辩论，由当时的共和党候选人尼克松对阵民主党候选人肯尼

迪。当时收音机的听众认为尼克松占了上风，但是电视的观众看到肯尼迪轻松自若、谈笑风生，而大病初愈的尼克松却显得苍老无力，天平在不知不觉中就倒向了肯尼迪。从此之后，电视开始左右美国的政治，以至所有的候选人都要投入巨额的电视广告费。这种情形一直持续到 2016 年的总统大选，那时互联网取代电视起到了更有效的宣传作用。

从有了语言文字开始，人类在信息交流上有几次大的进步，包括书写系统的出现、纸张和印刷术的发明等，每一次都极大地提高了知识和信息的传播速度。但是，当电用于通信之后，人类的通信就以光速前进了，这不仅使信息的传输变得畅通有效，也使科技的影响力快速地向全世界传播。

第七章

新工业

自从人们开始使用机械，就在不断地寻找更多的能量来源。新的能源既有可能改善人类的生活，也有可能激化人类内部矛盾甚至引发战争。煤和电是工业革命初期的两大能源，但它们都有各自的缺点。煤会带来高污染，而且与之匹配的蒸汽机十分笨重；电的稳定转化和传输是个难题。

石油的出现以及内燃机的发明，很大程度上解决了这些问题。石油不仅是能量来源，还是许多化学工业产品的原料。同时，作为工业革命的结果之一，石油将人类彻底送进了热兵器时代。

石油，黑色的血液

早在公元前 10 世纪之前，古埃及人、美索不达米亚人和古印度人就已经开始采集天然石油（ 准确地说是一种天然沥青 ）。但他们并不是将天然沥青当作能源来使用，而是将它作为一种原材料。在古巴比伦，沥青被用于建筑，而在古埃及，它甚至被用于制药和防腐。木乃伊的原意就是沥青。

中国在西晋时开始有关于石油的记载。到南北朝时，郦道元在《 水经注 》中介绍了石油的提炼方法，这应该是世界上最早关于炼油的记载。

此后，在北宋沈括的《梦溪笔谈》中，也有利用石油的记载。

作为能量的来源，石油首先被用于战争，而不是取暖或者照明。很多文明都有将石油用作火攻武器的记载，但是大家并不用它做燃料或者照明，因为原油燃烧时油烟太大，而且火苗不稳。

石油真正被广泛用于照明，要感谢加拿大的发明家亚伯拉罕·格斯纳和波兰发明家伊格纳齐·武卡谢维奇。他们于 1846 年和 1852 年先后发明了从石油中低成本地提取煤油的方法，从此，使用煤油照明不再有上述问题。

1846 年，在中亚地区的巴库建成了世界上第一座大型油田。1861 年，世界上第一座炼油厂建成。19 世纪末，在北美大陆的许多地方都发现了大油田，煤油很快取代蜡烛成

为西方主要的照明材料。也就是在这个时期，约翰·洛克菲勒成了世界石油大王，并控制了美国的炼油产业。

石油成为世界主要的能源来源之一，是靠内燃机的发明。通过内燃机和汽油（或者柴油）来提供动力，比采用蒸汽机和煤更方便、更高效，也更清洁。因此，从 19 世纪末开始，全世界的石油使用量剧增。

今天，石油依然是世界上最主要的能量来源之一。百年来，国家之间的矛盾经常围绕着石油展开。

石油登场后，发生了两次世界大战。

第一次世界大战前夕，担任英国海军大臣的**丘吉尔**敏锐地认识到，油比煤更适合作为军舰的动力，它让军舰更快、更灵活，也更省人力。于是，在他的任期内，所有舰船的燃料都从煤炭换成了油，而英国皇家海军在第一次世界大战中展现出了强大的战斗力。

第二次世界大战中，不少重要的战役都和争夺石油有关，比如苏联和德国争夺巴库油田的一系列战役，日本进军南太平洋争夺石油资源的诸多战役等。石油不仅成了各方争夺的战争资源，也决定着战争的走向和结果。

除了在军事和涉及国家战略安全的重要领域，在民用领域，石油工业也变得举足轻重。由于石油本身就是许多化学工业产品的原料，石油工业极大地促进了化学工业的发展。

无处不在的化学

严格来说，臭豆腐也算是化学品，酿酒、酿醋等工艺更是早已存在，但这些小作坊式的制造并不算工业。化学工业与科学联系起来并得到长足发展，是在 19 世纪。那时候，钢铁工业迅速发展，需要生产大量的**焦炭**作为配料。这个过程产生了大量被称为煤焦油的废物，于是化学家在研究煤焦油的特性时，发展出了化学工业。

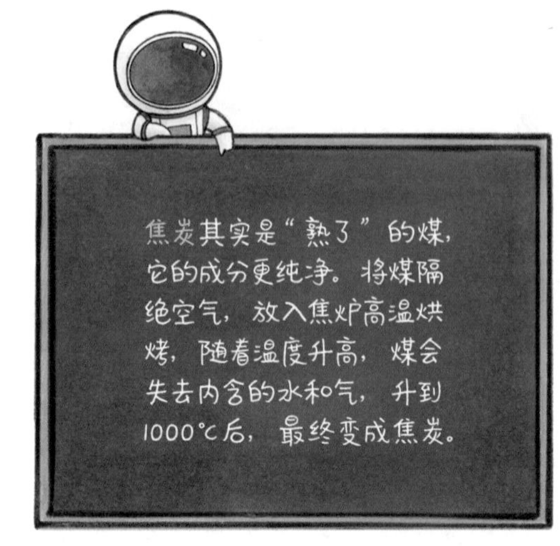

1856 年，英国 18 岁的化学家**威廉·亨利·珀金**偶然发现，煤焦油里的苯胺可以用来生产紫色的染料，于是他申请并获得了制造染料“苯胺紫”的专利。由于当时染料的价格昂贵，各国化学家也争相尝试用煤焦油研制染料，很快就发明了各种颜色的合成染料。

威廉·亨利·珀金

后来，更廉价的石油和天然气出现了，它们作为原材料比煤焦油产量更高、使用更方便。石油化工工业从此开启，极大改变了人们的生活。现在随处可见的塑料大部分也是石油制品。

1898 年，德国科学家佩希曼在一次实验事故中无意合成出今天常用的塑料——聚乙烯。但是由于生产聚乙烯的原料“乙烯”在自然界中很少，因此无法大规模生产。

1907 年，出生于比利时的美国科学家贝克兰发明了用苯酚和甲醛合成酚醛塑料的方法。这种塑料不仅价格低廉，而且耐高温，适用范围广，从此开创了**塑料工业**，而贝克兰也被称为“塑料工业之父”。

19 世纪末 20 世纪初，俄国和美国的工程师先后发明了通过裂解，从石油中提炼乙烯的技术。随后在 20 世纪 20 年代，标准石油公司开始

从石油中提取乙烯。1933年，英国的帝国化学公司也在无意中发现了从乙烯到聚乙烯的合成方法。因为有了充足的原材料供应，聚乙烯材料得以广泛应用。在此之后，人类以石油为原材料，发明了各种各样的新材料，比如合成橡胶和尼龙。

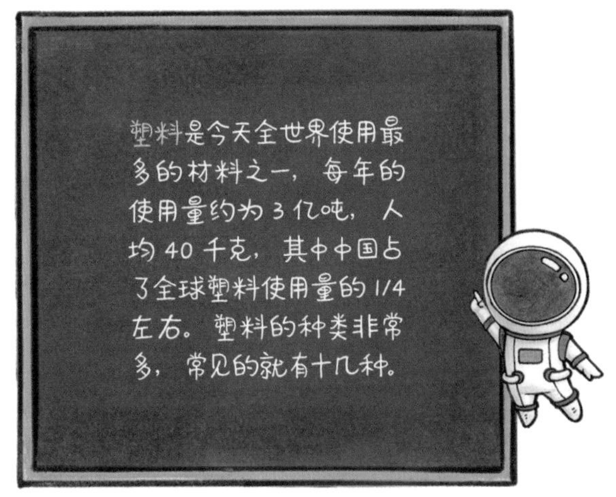

人类使用**橡胶**的历史可以追溯到公元前16世纪的奥尔梅克文化，最早的考古证据来自中美洲出土的橡胶球。后来，玛雅人也学会利用橡胶制造东西，阿兹特克人甚至会用橡胶制作防雨布。

天然橡胶如果不经过处理，既不结实，也缺乏弹性。1839年，美国发明家查尔斯·古德伊尔发明了橡胶的硫化方法，将硫黄和橡胶一起加热，形成硫化橡胶，让它真正得以使用。

古德伊尔虽然找到了处理橡胶的实用方法，但是对橡胶的化学成分并不清楚。1860年，英国人格雷维尔·威廉斯经由分解蒸馏法实验，发现了天然橡胶的单元构成是异戊二烯，这为后来合成橡胶提供了根据。

人类对橡胶大量的需求是在汽车诞生之后，因为**汽车轮胎**的主要成分是橡胶。今天世界上那些著名的橡胶公司，包括德国的马牌、意大利的倍耐力、法国的米其林和美国的固特异等公

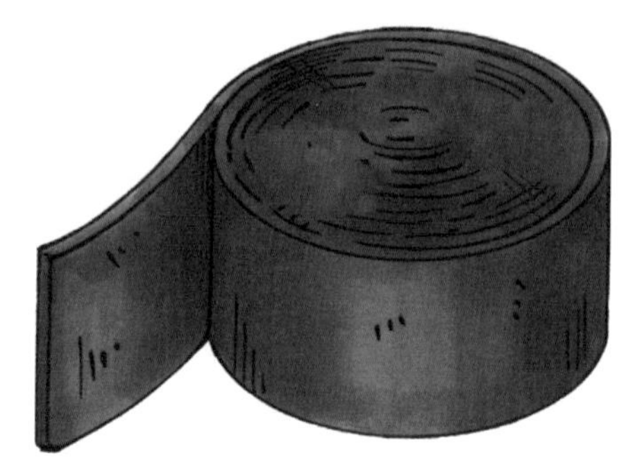

司，都诞生于 19 世纪末。然而，天然橡胶只能生长在暖湿地区，世界上大部分国家不适合种植，因此产量非常有限。到了战争年代，如中国、日本或者德国等不出产天然橡胶的国家，就有被敌人切断橡胶供应的危险。因此，德国从 20 世纪初就开始想办法**人工合成橡胶**，而合成橡胶的原料依然是石油。

1909 年，德国的科学家弗里茨·霍夫曼等人，用异戊二烯聚合出第一种合成橡胶，但是质量太差，无法使用。在随后十多年里，欧美各国合成了种类不同的人造橡胶，但是都因为质量太差，不堪使用。

20 世纪 30 年代，德国化学家施陶丁格建立了大分子长链结构理论，苏联化学家谢苗诺夫建立了链式聚合理论。有了这些理论的指导，通过小分子材料聚合大分子材料，人工合成实用的橡胶才成为可能。

在二战期间，由于日本占领了全世界重要的橡胶产地东南亚，美国和苏联加速了合成橡胶的研制和生产。1940 年，美国百路驰公司和固特异公司分别研制出高性能、低成本的合成橡胶，对保证二战时橡胶的供应有很大帮助。20 世纪 60 年代，壳牌石化公司发明了人工合成的聚异戊二烯橡胶，首次用人工方法合成了结构与天然橡胶基本一样的合成天然橡

胶，从此人造橡胶可以彻底取代**天然橡胶**了。今天，全世界每年生产 2500 万吨橡胶，其中 70% 是合成橡胶。

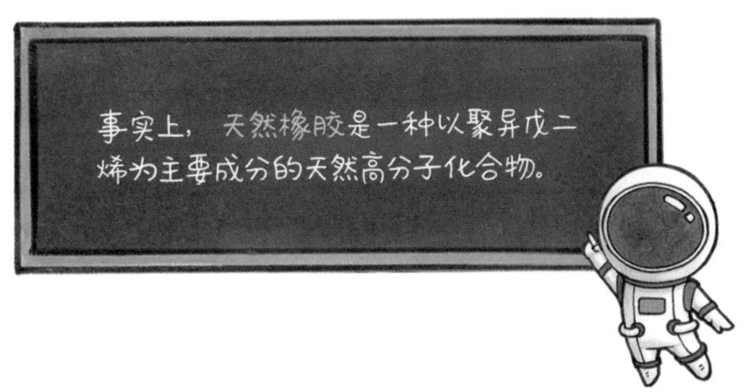

合成橡胶是人类有意复制天然产物得来的，那么尼龙则是从无到有的人造物，是化学工业与纺织工业的首次结合。

1928 年，杜邦公司成立了基础化学研究所，负责人是当时年仅 32 岁的卡罗瑟斯博士。1930 年，卡罗瑟斯的助手发现了一种“聚酰胺纤维”，这种材料各方面都与蚕丝类似，还比天然蚕丝结实，延展性非常好。卡罗瑟斯意识到这种人造物的商业价值，进行了深入的研究。1935 年，世界上第一种合成**纤维**诞生了，它后来得名尼龙。

纤维是天然的或者人工合成的细丝状物质或结构。

令人遗憾的是，1937 年，卡罗瑟斯因抑郁症自杀身亡。1939 年 10 月 24 日，用尼龙制造的长筒丝袜上市，引起轰动。与现在追求“天然”不同，当时在美国尼龙丝袜被视为珍奇之物，有钱人争相购买。而追求时髦的底层妇女，因为买不起丝袜，只好用笔在腿上画出纹路，冒充丝袜。

尼龙丝袜是当时的奢侈品

除了丝袜，尼龙后来也被用于服装面料，并且用途越来越广泛。此后，又有越来越多的合成纤维被发明出来。今天，很多通过合成得到的高质量的超细纤维，在性能上已经完全可以媲美纯棉制品。

在石油工业和化学工业的发展过程中，能量一直是个关键词。一方面，煤和石油本身就是提供能量的化石燃料；另一方面，化学工业本身也消耗大量能量，在人类掌握足够的能量来源以前是无法实现的。

化学工业的发展，也对农业产生了巨大影响。

化肥与农药

化学工业的出现，不仅解决了交通、穿衣等问题，更重要的是解决了粮食问题。人类普遍吃饱肚子，是在出现了化学工业之后。而这里面和吃饭最相关的两类化工产品，就是化肥和农药。

通常情况下，土壤中的营养元素氮、磷、钾并不能满足农作物生长的需求，需要施用含氮、磷、钾的化肥来补足。

1840 年，德国著名化学家李比希出版了《化学在农业和生理学上的

应用》一书，创立了植物矿物质营养学说和归还学说。他指出，矿物质是农作物生长的唯一养分，而且农作物从土壤中吸走的矿物质养分必须以肥料形式归还到土壤中，否则土壤将日益贫瘠。他的观点引起了农业理论的一场革命，为化肥的诞生提供了理论基础。随后，磷肥、钾肥、氮肥纷纷被发明出来，但它们的工业化大规模生产一直是个难题。

> 硝酸铵是呈无色无臭的透明晶体或白色晶体，极易溶于水，易吸湿结块，溶解时吸收大量热。受猛烈撞击或受热爆炸性分解，遇碱分解。

1909 年，德国科学家、化工专家弗里茨·哈伯利用氮气和氢气直接合成了氨气，从此开创了化学肥料工业。后来爆发了第一次世界大战，这项发明首先被用于制造炸药的原材料“**硝酸铵**”，以取代智利硝石“硝酸钠”。

到了二战时期，硝酸铵成了制造炸药的必备原料。为了给自己和盟国提供军火，美国生产了大量硝酸铵。二战后，美国剩下一大堆硝酸铵无法处理，于是干脆倒在森林里做氮肥。

农药和化肥不仅共同解决了人类的温饱问题，而且大大降低了农业劳动力在全球劳动力中的比例——从 1/2 以上降到了 1/3 以下。

人类使用农药的历史可以追溯到 4500 年前的美索不达米亚文明时期，当地人对农作物喷洒硫黄来杀灭害虫。后来，古希腊人又通过燃烧硫黄来熏杀害虫。15 世纪之后，欧洲人先后用重金属物质、尼古丁以及植物提纯物除虫菊和鱼藤酮等做农药。这些农药不仅成本高、效果差，而且对人的伤害很大。最早真正靠化学工业制造出来的有效杀虫剂是**DDT**（又叫滴滴涕，化学名为双对氯苯基三氯乙烷）。1939 年，瑞士化学家保罗・米勒发现了 DDT 的杀虫作用，并且发明了它的工业合成方法。1942 年 DDT 面市，当时正值二战期间，很多地区传染病流行，DDT 的使用令疟蚊、苍蝇和虱子得到有效的控制，并使**疟疾**、伤寒和霍乱等疾病的发病率急剧下降。

DDT 的第一大功绩是对于农业的增产作用。由于 DDT 制造成本低廉，杀虫效果好，而且对人的危害较小，因此很快在全世界普及。DDT 等农药的使用对于农业增产立竿见影。

DDT 的第二大功绩是在全球范围内消除了传染病。二战后，在很多穷困落后的国家，靠使用 DDT 杀虫，有效地控制了危害当地人几千年的各种传染病。印度在使用 DDT 之后，仅疟疾这一种病，患病数量就从 7500 万例减少到 500 万例。据估计，二战后，DDT 的使用使 5 亿人免于危险的流行病。

1962 年，DDT 的使用让全球疟疾的发病率降到了极低值，但同时，美国海洋生物学家瑞秋・卡森女士出版了改变世界环保政策的一本著作——**《寂静的春天》**。卡森在书中讲述了 DDT 对世界环境造成的各种危害。由于 DDT 的广泛使用，造成了鸟类代谢和生殖功能紊乱，

《寂静的春天》

使得很多鸟类濒临灭绝。春天到来的时候，已经很难听到鸟的歌唱了，所以她把著作起名为《寂静的春天》。当然，DDT 的受害者不仅是鸟类，也包括吃了受到污染鱼类的人类。《寂静的春天》一书促使美国于 1972 年禁止了 DDT 的使用。目前全世界有超过 86 个国家禁止使用 DDT。

今天，虽然很多人一听到化肥和农药就本能地反感，但是它们在人类文明过程中的进步作用是不可否认的。化肥和农药的使用，大大提升了农业的效率，使得人类可以用很少的耕地养活大量的人口，这对环境也是一种保护。或许未来我们有比使用化肥和农药更好的增产方式，而这有赖于科技的进一步发展。

给轮子加上内燃机

“衣食住行”中的“行”是运输的意思，运输就是将人或物从一个地方送到另一个地方，是人类最基本的需求。最初，人类只能依靠自己徒步迁徙。后来，轮子和马车出现了，人们可以更省力、更便捷地到达远方。再往后，蒸汽机驱动的火车与轮船具有很大的运载量，且适合远距离运输。不过，火车需要在铁轨上行驶，轮船只能在水里行驶，两者都缺乏灵活性。因此，在工业革命之后，发明家都在试图制造一种能在普通路面上行驶的交通工具。

汽车的发明不是一件简单的事情，橡胶轮胎、火花塞和铅酸蓄电池的发明对于汽车的诞生都是必不可少的，但**内燃机**的发明才是最重要的。

说到内燃机，总要提到奥托这个名字，内燃机做功的过程被称为“奥托循环”，而汽车用的发动机和很多其他的内燃机，都被称为“奥托式发动机”，因为它们的工作原理和德国工程师**尼古拉斯·奥托**当初的发明相似。1862—1876 年，奥托发明了**压缩冲程内燃机**——先是两冲程（ 1864 年 ），后来改进成了四冲程（ 1876 年 ），并且发明了内燃机的电控喷射燃油（ 燃气 ）装置。这种内燃机的能量转化效率超过 10%，而当时效率最高的蒸汽机也只有 8%。因此，在随后的 17 年里，奥托卖出了 5 万多台四冲程内燃机。

内燃机是热机（各种变热能为机械能的机器的统称，如蒸汽机、内燃机等）的一种，燃料在气缸里燃烧，产生膨胀气体，推动活塞，由活塞带动连杆转动机轴。内燃机用汽油、柴油或煤气做燃料。

尼古拉斯·奥托

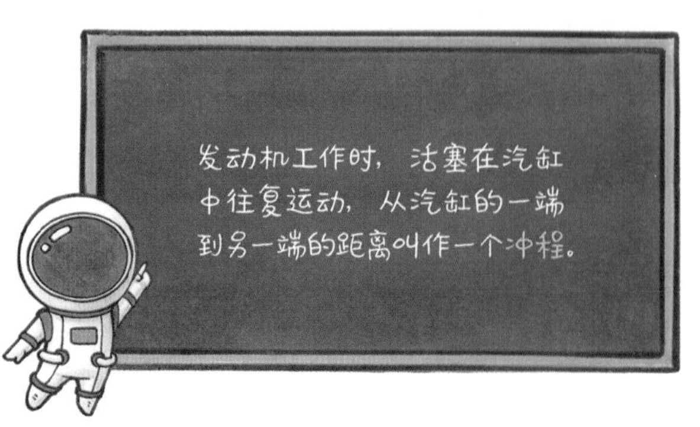

戈特利布·戴姆勒

奥托的内燃机是一种具有革命性的发明，被德国授予了发明专利。但不久后，这项专利就被奥托的同事**戈特利布·戴姆勒**给推翻了。戴姆勒也是一位发明家，他的目的是想将来另立门户，独立研发新的发动机，他担心那些专利阻碍自己的事业发展。

奥托并没有因此气馁，他干脆直接放弃了几十项内燃机的专利。因为不用支付专利费，内燃机技术迅速在全世界普及并改进。

奥托和戴姆勒之间存在着分歧，奥托希望发展固定的、大型的、在工厂里取代蒸汽机的内燃机，而戴姆勒和他的伙伴迈巴赫更想生产小型的、适用范围更广的内燃机。于是，戴姆勒和迈巴赫离开了奥托，创办了他们自己的公司，二人在 1883 年发明了燃烧汽油的小型内燃机，并获得了专利。1885 年，他们发明了后来被称为老爷钟的**实用内燃机**，并且安装到了一辆自行车上。这种内燃机只有 0.5 马力，微弱的功率还不足以驱动汽车。又过了一年，戴姆勒终于成功地制造出了世界上第一辆使用汽油内燃机的四轮汽车，并且获得了专利。

戴姆勒 Reitwagen 机车

戴姆勒和迈巴赫当时并不知道，距离他们仅仅 60 英里（约97千米）

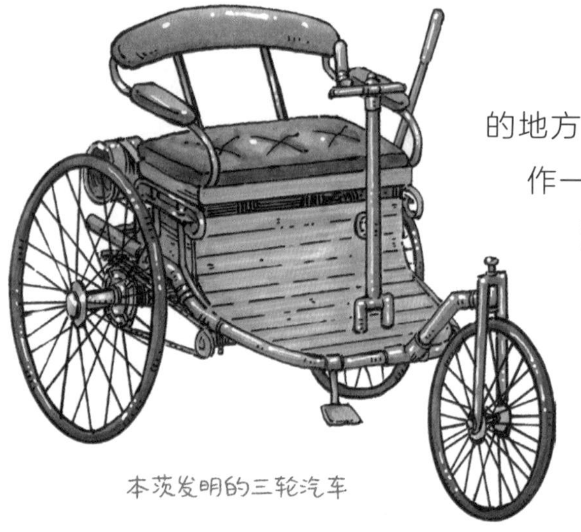
本茨发明的三轮汽车

的地方，**卡尔·本茨**也在做同样的工作——改进内燃机和发明汽车。本茨将自行车的后轮改成并行的两个轮子，将一台奥托内燃机放在车子的后轴上，从而造出了全世界第一辆使用汽油内燃机的汽车。

1885 年的一天，本茨夫人将这辆三轮汽车开上了路，成为有记载的第一位驾驶汽车的人，这比戴姆勒和迈巴赫发明出四轮汽车要早几个月。1886 年 1 月，本茨获得汽车发明的专利。随后，他开始制造和出售“本茨专利汽车”品牌的汽车，但是销售情况并不好。本茨的三轮汽车只有 0.85 马力，不好控制，上坡的时候还要靠人拉，场面看起来很滑稽。另外，当时也没有高质量的汽油作为**燃料**。

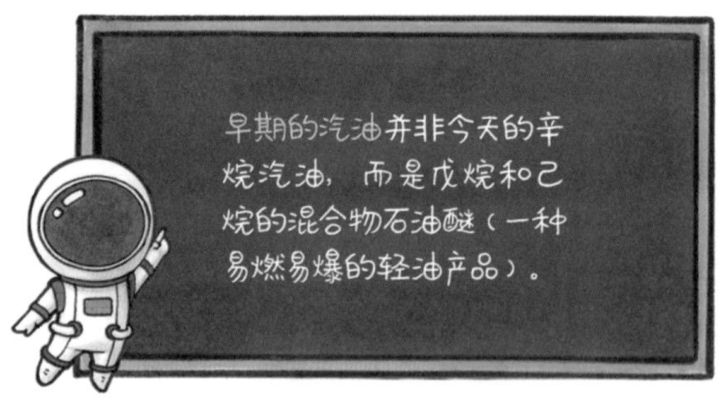

同年 7 月，本茨采用了戴姆勒发明的内燃机，汽车性能得到了改进，但同时也引起了一场官司。

戴姆勒看到本茨用了他的汽油内燃机技术之后，将本茨的公司告上了法庭，并且赢得了官司。这样一来，本茨就不得不向戴姆勒支付专利费。

在戴姆勒去世后，两家公司有了很多的合作。1926 年，它们新的主人

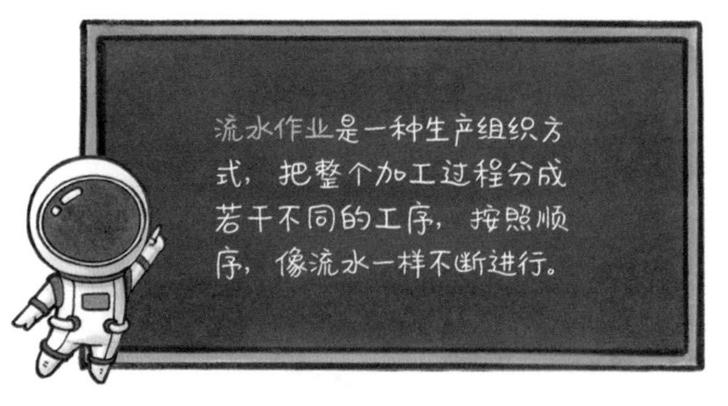

决定将这两家竞争了 40 年的公司合并，成立了今天享誉全球的戴姆勒—奔驰公司。

1901 年，奥斯莫比公司采用标准化的部件和静态**流水作业**开始制造汽车，将汽车售价降到了 650 美元，年产量达到 600 多辆；到了 1902 年，产量猛增到 3000 辆，成为第一个能够大规模量产汽车的公司。

后来，福特在此基础上又做了改进，将静态的流水线改为动态的，让汽车在装配线上移动，工人则不用移动位置，从而极大地提高了汽车生产的效率。同时，福特公司使用更加精明的分期付款销售策略，使更多的人买得起汽车。汽车终于成为大众商品。1908 年，福特公司推出了首款在移动装配线上生产的**福特 T 型车**，这款车当时的售价为 825 美元。该车推出后立即风靡全球，到 1927 年停产下线时，已经生产了 15000 辆，这一纪录保持了近半个世纪。

第二次工业革命和随后汽车的普及改变了人的生活方式，人口也开始从中心城市向四周扩散。但是，要想更快捷、更方便地抵达更远的地方，就需要比火车和汽车更快的交通工具，这就是飞机。

福特 T 型车

飞上蓝天

达·芬奇设计的飞行器

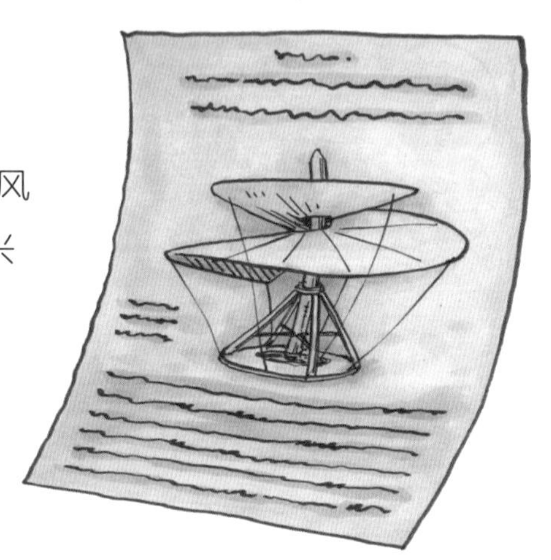

人类一直梦想像鸟一样飞行。从中国古代的风筝，到古希腊人制造的机械鸽，从文艺复兴时期达·芬奇设计的**飞行器**，到明朝陶成道用爆竹制成的火箭，都反映出人们对飞行的渴望。但是，没有科学基础的尝试是难以成功的。

1505 年，在研究了鸟类的飞行特征之后，达·芬奇写出了航空科学的开山之作《论鸟的飞行》一书。17 世纪，意大利科学家博雷利研究了动物肌肉、骨骼和飞行的关系，他指出，人类没有鸟类那样轻质的骨架、发达的胸肌和光滑的流线型身体，是无法像鸟类那样振动翅膀飞行的。也就是说，各种模仿鸟类飞行的努力都不可能成功。

孟格菲兄弟的热气球

18 世纪，科技理论成果和工业革命让真正的飞行成为可能。波义耳和马略特等人的科学研究成果表明，热空气体积大、质量小，可以上升，而纺织工业的发展又带来了更轻巧、更结实的布料，这两件事情促成了热气球的诞生。1783 年 6 月 4 日，法国的孟格菲兄弟成功将**热气球**升上天空。同年 11 月，他们又进行了热气球载人实验，两位法国人乘坐热气球上升到 910 米的高空，并飞行了 9 千米，然后安全降落，历时 25 分钟。

兴登堡号飞艇

热气球试飞后不久，人类又开始用氢气制造气球。1783 年 12 月，两名法国人首次乘坐氢气球在巴黎进行了自由飞行。此后，氢气球发展成了自带动力的飞艇。1893 年，德国著名的飞艇大师斐迪南・冯・齐柏林开始设计大型硬式氢气飞艇，并在 1900 年试飞成功。齐柏林飞艇长达 128 米，直径 11.58 米，艇下装有两个吊舱，可乘 5 人，采用内燃机驱动，可以远距离飞行。齐柏林的飞艇成了当时最有实用价值的民用和军用飞行器。最成功的齐柏林伯爵号飞艇一共飞行了 100 多万英里（约 160 万千米），在 1929 年 8 月完成了环球飞行。

直到二战前的 1937 年，飞艇一直在航空工业中占有重要位置。不过，这一年的 5 月 6 日，当时最大、最先进的**兴登堡号飞艇**在横跨大西洋的时候起火焚毁，造成飞艇上 37 人死亡，飞艇从此退出了历史舞台。在这之后，虽然热气球作为观光工具还在被使用，但不再是交通工具。

飞机的出现则比飞艇晚得多，因为飞机的**比重**远远大于空气。要想让这样的飞行器升空并持续飞行，难度远超过把比重小于空气的飞艇送上天。

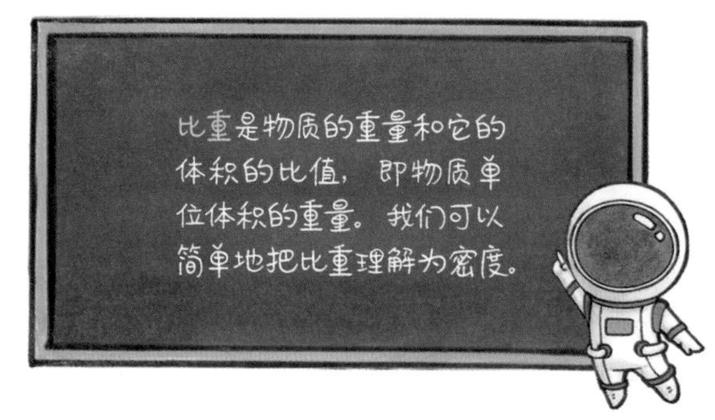

实现可控制的飞行必须解决三大难题：升力的来源、动力的来源和可操纵性。这些问题并不是哪个发明家能一次性解决的，而是经过了三代发明家共同努力才逐步解决。

第一代发明家以“空气动力学之父”、英国的乔治·凯利为代表，19世纪初，凯利受到**中国竹蜻蜓**的启发，从理论上设计了一种直升机，它只存在于图纸上，不可能实现。凯利随后又试图模仿鸟类，设计振翼的飞机，再次失败了。后来他认识到，鸟类的翅膀不只是提供动力，还提供升力。更重要的是，他发现空气在不同形状的翼面流过时产生的压力不同，从而提出了通过固定机翼（而非振翼）提供飞行升力的想法。

竹蜻蜓是一种中国传统的民间儿童玩具，流传甚广，它由两部分组成，一是竹柄，二是“翅膀”。玩时，双手一搓，然后手一松，竹蜻蜓就会飞上天空。但竹蜻蜓的动力并不足以像《哆啦A梦》中那样带着人一起飞翔。

凯利不仅是一个理论家，更是实践者。他一生尝试了多次飞行实验，并在1849年，用一架三翼滑翔机，实现了人类历史上第一次载人滑翔飞行。凯利对自己的研究工作都有详细的记录，特别是留下了论文《论空中航行》，成了航空学的经典。在这篇论文中，凯利明确指出，升力机理与动力机理应该分开，人类飞行器不应该单纯模仿鸟类的飞行动作，而应该用不同装置分别实现升力和动力。

奥托·李林塔尔滑翔飞行

在凯利之后，第二代飞

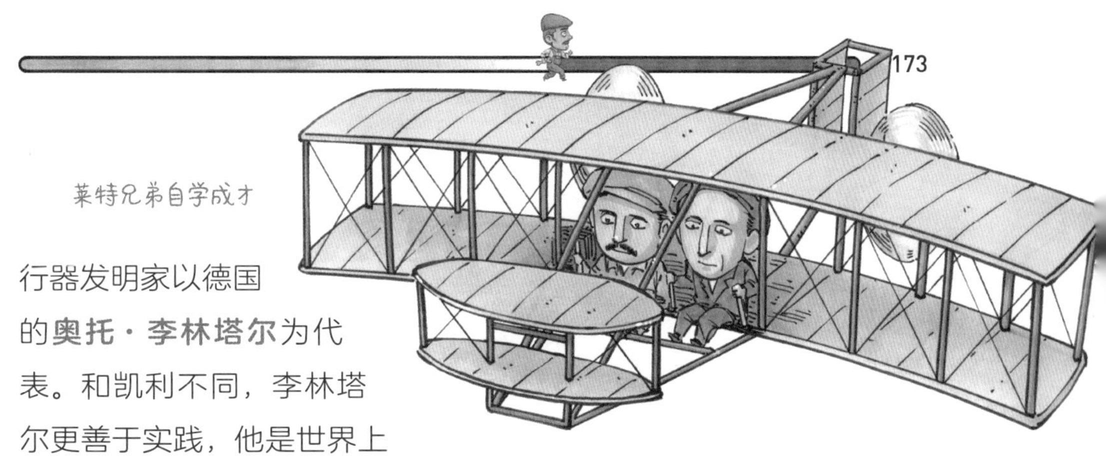

莱特兄弟自学成才

行器发明家以德国的**奥托·李林塔尔**为代表。和凯利不同，李林塔尔更善于实践，他是世界上最早实现自带动力滑翔飞行的人，也是最早成功重复进行滑翔实验的人。不幸的是，李林塔尔在一次实验中丧生了。

与凯利和李林塔尔相比，第三代发明家**莱特兄弟**要幸运得多。他们出生得足够晚，有凯利的理论，有李林塔尔的实践，还有奥托的内燃机；他们出生得又足够早，飞机还没有被发明出来。当然，光靠运气是制造不出第一架飞机的，莱特兄弟在理论积累和工作方法上不仅全面超越了他们的前辈，也超越了同时代的人。

莱特兄弟虽然是自学成才，但是系统学习了空气动力学，有着扎实的理论基础，而且做事情非常严谨。在飞机的设计上，莱特兄弟最大的贡献是发明了控制飞机机翼的操纵杆，从根本上解决了飞机控制的问题。至此，制造飞机的三个关键技术都具备了：升力问题被凯利解决了，动力问题被奥托解决了，控制问题被莱特兄弟解决了。

1903 年 12 月 17 日，莱特兄弟在美国西海岸小鹰镇成功试飞了自行研制的飞行者一号。从此，人类进入了飞机时代。

人类先发明了提供动力的内燃机，同时又把石油作为能量来源，热力学理论、空气动力学理论也在逐渐完善。有了这些基础，汽车和飞机的诞生是必然的事。

然而，除了组织生产创造，人类还有另一大技能——组织暴力破坏。

可怕的武器

战争是科技发展的助推器。武器常常代表了一个时代最高的科技水平，因此，科技的发展和武器的进步常常是同步的。

唐朝时，中国人发明了火药。根据**李约瑟**的说法，火药在五代时首次用于战争。1232年，南宋寿春县有人发明了竹筒火枪，南宋陈规著的《守城录》中还记载了由铜铁制成的火炮。

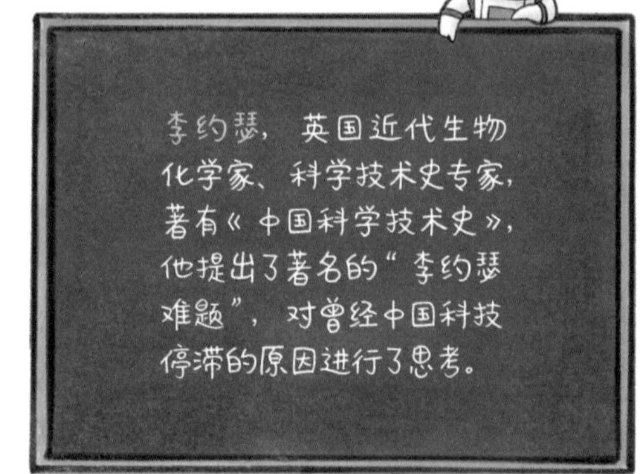

1323年左右，今天发现的最早的金属大炮出现在元朝。此后，阿拉伯人从中国人那里获得了火药制作技术，在战争中，阿拉伯人将火药置于铁制的管内，以发射箭支。

在火器的发展历史上，第一个里程碑式的发明是**火绳枪**，它的发明经历了一个漫长的过程。

火绳枪点火射击

火绳枪的外形很像今天的步枪，但它们是两种不同的东西。今天的枪支是扳动扳机开火，而早期枪管难以解决炸膛的问题，因此枪管都是一个由铸铁制造、前后不通、后部被堵死的铁铳，火药和弹丸要从前面装进去，大致操作的次序是这样的：先从枪管前面装火药，再上铅弹，随后用一根长针从前面伸到枪管里压紧，这样才算装好弹药，随后点燃火信，最后才是瞄准射击。

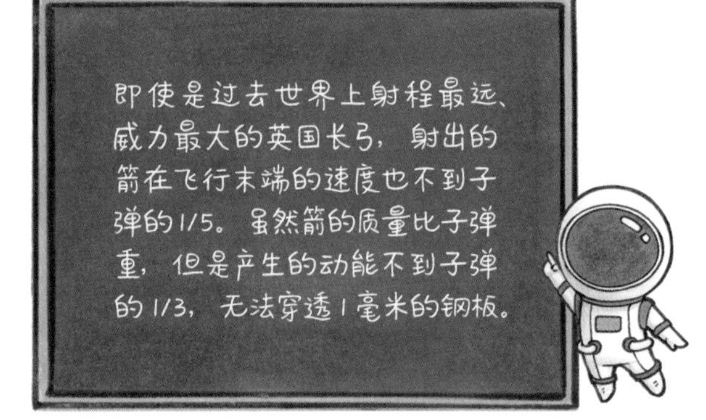

为了方便点火，不能采用燧石，射击者要准备一根长长的、慢慢燃烧的火绳，用火绳点火。从这些烦琐的步骤很容易看出，这些早期火绳枪的发射速度是非常慢的。从 15 世纪到 16 世纪，欧洲和中亚（当时的奥斯曼土耳其帝国）不少人都独立发明了这种武器，然后又经过了一系列的改进，才成为能够在战场上广泛使用的武器。

火枪在漫长的三个世纪里进行了 4 次重大的改进，才成为今天步枪的原型。

第一次改进是从火绳枪到燧发枪。燧发枪的原理是使用转轮打火机（燧发机），带动燧石击打到砧子上产生火星，点燃火药，这样枪手就不需要携带火绳了。

第二次改进是 18 世纪末可燃弹壳枪弹的发明。可燃弹壳枪弹将铅弹和火药做在了一起，这样在射击时只需要携带并直接安装“子弹”即可。

第三次改进是将膛线技术用在了枪（炮）管内侧。18 世纪，英国数学家鲁宾斯从力学上证明，如果子弹旋转飞行，可以增强稳定性。于是欧洲各国普遍使用了膛线技术，让子弹在出膛时能够旋转起来。

第四次改进则是将前膛枪改进为后膛枪。后膛枪的发明人是德国的枪械工程师德莱赛，他的研究得到了政府的秘密支持。1841 年，德莱赛造出了后膛枪，随后立即被普鲁士军队采用，而这种枪获得了代表其年份的编号 M1841。普鲁士军队靠后膛枪赢得了普丹战争、普奥战争和普法战争的胜利。

不过，单发射击的步枪杀伤力还是远不如后来的机枪。

18 世纪，英国和美国的一些发明家就发明了类似机枪的自动武器，并且取得了很多专利，但是直到 19 世纪末，没有一款机枪能够投入实战。

说到机枪，大家可能会想到**马克沁机枪**，这是世界上第一款普遍装备部队的全自动机枪。这种机枪的发明人马克沁生于英国，但生活在美国。1882 年，马克沁回到英国时，看到士兵射击时步枪的后坐力把肩膀撞得青一块紫一块，他就琢磨能否利用枪射击时的后坐力上子弹。

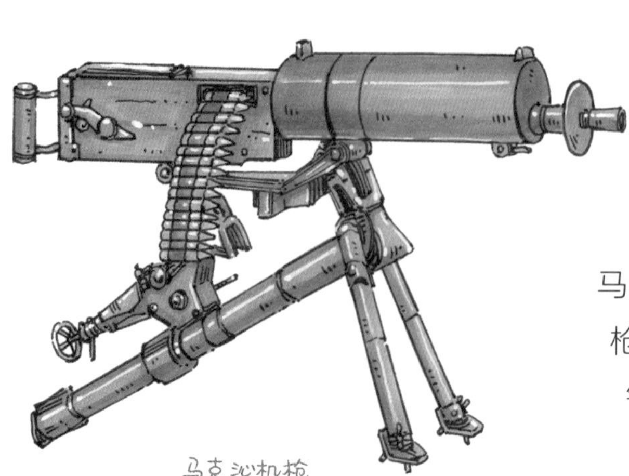
马克沁机枪

马克沁拿来一支温彻斯特步枪，仔细研究了步枪射击时开锁、退壳、送弹的过程，并在第二年制作出一款新自动

步枪，可以利用子弹壳火药爆炸时喷出的气体，自动完成步枪的开锁、退壳、送弹、重新闭锁等一系列动作，实现了子弹的连续射击。这款自动步枪将原本的后坐力转化为上弹的能量，所以不仅射速快，而且后坐力小，射击精度高。1884 年，马克沁在自动步枪的基础上，采用一条 6 米长的帆布袋做子弹链，制造出了世界上第一支能够自动连续射击的马克沁机枪，并且获得了机枪专利。

1916 年 9 月 15 日，英国在索姆河战场上投入了一种新式武器，这是一个由履带驱动的钢铁怪物，上面的机枪喷着火焰，它就是**坦克**。第一次世界大战后期，德国人看到了坦克的威力，也研制出了自己的坦克。在第二次世界大战中，德军将坦克的作用发挥到了极致。

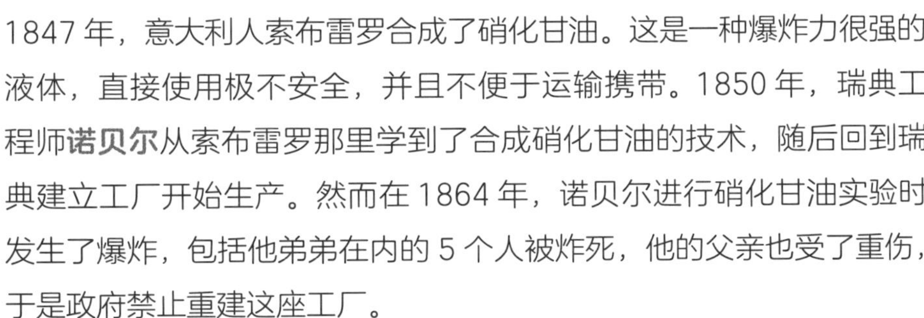

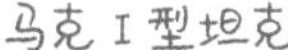

马克 I 型坦克

1847 年，意大利人索布雷罗合成了硝化甘油。这是一种爆炸力很强的液体，直接使用极不安全，并且不便于运输携带。1850 年，瑞典工程师**诺贝尔**从索布雷罗那里学到了合成硝化甘油的技术，随后回到瑞典建立工厂开始生产。然而在 1864 年，诺贝尔进行硝化甘油实验时发生了爆炸，包括他弟弟在内的 5 个人被炸死，他的父亲也受了重伤，于是政府禁止重建这座工厂。

诺贝尔并没有气馁，他把实验室建到了无人的湖上。有一次，诺贝尔偶然发现硝化甘油可被干燥的硅藻土吸附，从此发明了可以安全运输

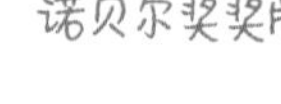

诺贝尔奖奖牌

的**硅藻土炸药**——直接将硅藻土混合到硝化甘油和硝石中，俗称黄色炸药。1867 年，诺贝尔为这种混合配方申请了专利，并且把这种炸药卖到了瑞典和俄罗斯的很多矿山。

作为一个和平主义者，诺贝尔制造炸药的初衷并不是制造杀人武器，而是开矿。当他看到炸药被用于制造军火后，非常痛心，但是已无力阻止。后来，诺贝尔因炸药专利获得了巨额财富，去世前，他将自己的财产捐献出来，设立了著名的诺贝尔奖，根据他的遗嘱，奖金每年发放 5 项，包括物理学奖、化学奖、和平奖、生理学或医学奖和文学奖。

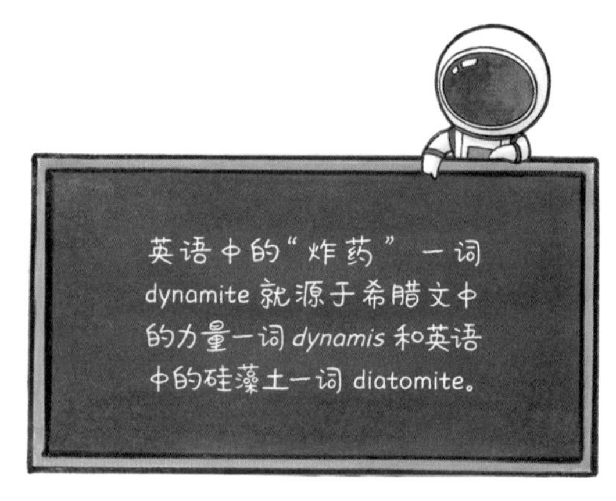

所幸的是，在今天，无论是硝化甘油炸药还是 TNT（三硝基甲苯），大多被用于和平建设。这些炸药在极短的时间里可以释放巨大的能量，使得采矿、修路、拆除旧建筑物都变得非常容易。20 世纪 30 年代，美国在修建胡佛大坝时死亡 112 人，而今天世界上在修建更大规模的各种水坝或者大型工程时，鲜有死亡事故发生，这受益于人类工程爆破技术的发展。诺贝尔等人如果得知今天炸药被更多地用于造福人类，也应该感到欣慰了。

第八章
原子时代

人类社会的快速发展也伴随着矛盾的加剧，在此起彼伏的战争中，原子能、无线电、制药技术等获得了长足进步。不过，在学术界，大家遇到了一些似乎跨不过去的坎儿，其中最有代表性的就是所谓的物理学危机。

从相对论到量子力学

迈入 20 世纪，很多实验结果和观测数据与牛顿、焦耳和麦克斯韦的经典物理学理论出现了矛盾。比如，**黑体辐射**谱不符合热力学的预测，迈克耳孙 – 莫雷实验的结果不符合经典物理学的预测，经典电磁学无法解释光电效应与原子光谱，放射性物质的物理性质似乎与经典物理学的决定论背道而驰。这些问题严重动摇了整个物理学大厦的基石。

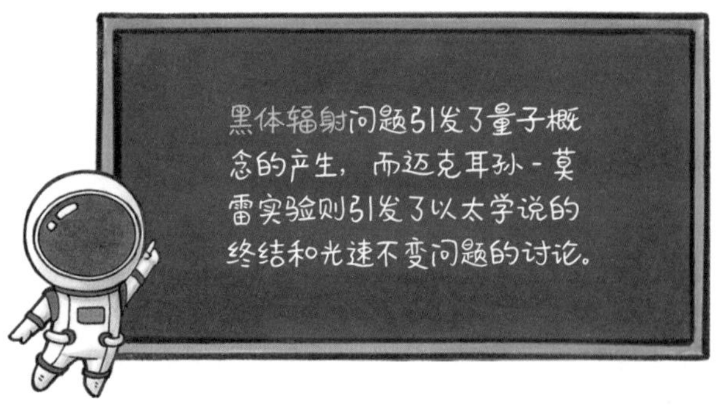

最终，物理学家基本上解决了这些矛盾，他们重新建立了物理学的基础——相对论和量子力学。从此，物理学进入现代纪元。

以牛顿理论为核心的整个经典力学都是建立在伽利略变换基础之上的。何为伽利略变换呢？我们不妨看这样一个例子：

咱们高中物理课本见！

我们坐火车时，假如火车前进的速度是 100 千米 / 小时。如果我们从火车的后部以 5 千米 / 小时的速度往前走，我们相对铁路旁电线杆的速度则是 100+5，即 105 千米 / 小时；如果我们以 5 千米 / 小时的速度从火车前面的车厢往后面走，我们相对铁路旁电线杆前进的速度则是 100−5，即 95 千米 / 小时。也就是说，我们前进的速度是自己行进的速度叠加上火车这个参照系移动的速度。

这种速度直接叠加的坐标变化就是伽利略变换。伽利略变换符合生活常识，也是经典力学的支柱。伽利略变换成立有一个前提：空间和时间都是独立的、绝对的，与物体的运动无关——我们在火车上看到的两根电线杆的距离，和在地面上看到的是一样的，而火车上的时钟也和地面上的时钟走得一样快。这些对我们来说似乎是不证自明的常识，因此，一直没有人怀疑过。

到了 19 世纪末，麦克斯韦在法拉第等人研究工作的基础上，总结出了一组经典的电磁学方程组，也被称为麦克斯韦方程组，其正确性被大量实验所证实，毋庸置疑。然而，麦克斯韦方程组却与经典物理学理论相互矛盾。

为解决这一矛盾，物理学家想通过引入各种假说来对经典物理学进行

修补，也做了很多实验，希望能验证这些假说。但是，他们的实验结果却显示：光速和参照系的运动无关，是一个恒定的数值。也就是说，如果我们把上文伽利略变换中的人换成手电筒发出的光，那么光速并不会因为火车的快慢和方向而改变。

荷兰物理学家洛伦兹在 1904 年提出了一种新的时空关系变换，后来被称为洛伦兹变换。虽然这仅仅是个数学模型，但它启发了瑞士专利局的一个小专利员——**爱因斯坦**。爱因斯坦意识到，伽利略变换是牛顿经典时空观的体现，如果承认洛伦兹变换，就可以建立起一种新的时空观（这在后来被称为相对论时空观）。在新的时空观下，原有的力学定律都需要被修正。

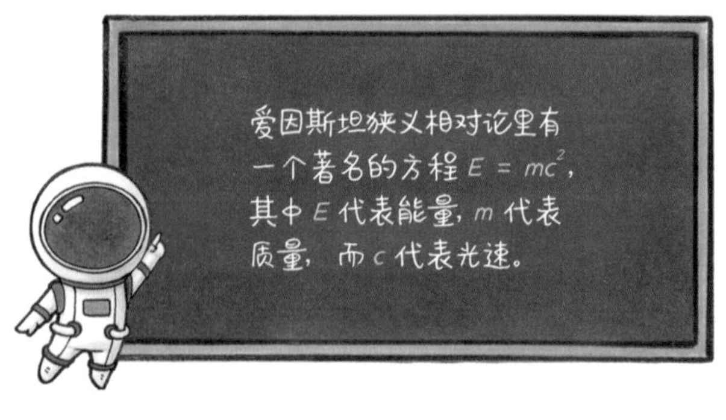

1905 年，爱因斯坦发表了论文《论动体的电动力学》，建立了**狭义相对论**。这一年，爱因斯坦一共发表了 4 篇重要的论文，涉及的内容包括：

通过数学模型解释了布朗运动，从此物质的分子说得以确立。

提出光量子假说，解释了光电效应，并且提出了光的波粒二象性，结束了关于光是波还是粒子的争论。

提出了质能方程，即著名的 $E=mc^2$，它是狭义相对论的核心。

提出时空关系新理论，也就是狭义相对论。

$E=mc^2$

阿尔伯特·爱因斯坦，现代物理学家，出生于德国巴登-符腾堡州乌尔姆市，毕业于苏黎世联邦理工学院

因此，1905 年也被称为爱因斯坦的奇迹年和近代物理学的起始之年。爱因斯坦的这些理论代表人类对世界开启了一次新的认识。

不过，在后来对微观世界的探索中，爱因斯坦与另一位物理学家**玻尔**陷入了一场针锋相对的争论。

爱因斯坦：相对论的水太深，玻尔你把握不住

19 世纪末，没有人怀疑过世界的“连续性”，数学和各种自然科学的基础也是建立在连续性假设之上的。在连续的世界里，任何物质、时间和空间都可以连

续分割下去，分成多小都是有意义的。不过，到了 19 世纪末，物理学家发现，很多现象似乎与宇宙的连续性这个前提假设相互矛盾。于是，人们将不连续性引入物理研究。

德国物理学家普朗克提出，世界上的能量是一份一份的，存在一个最小的不可再分的能量单位，不会出现半份能量。普朗克将这种“份”的概念称为“量子”。今天我们所说的量子物理中“量子”的概念，最初就是这样产生的。

1925 年，德国物理学家马克斯·玻恩创造了“量子力学”一词。第二年，海森堡、薛定谔等人建立起了完整的量子学理论。1927 年，海森堡发现“不确定性原理”，指出世界充满不确定性，想要同时准确测量微观粒子的所有属性是不可能的。

当时的物理学界分成两派：一派（哥本哈根学派）以丹麦著名物理学家尼尔斯·玻尔为代表，认为当人们观测一个粒子的时候，它就以粒子的形式存在；不观测时，它就以波的形式存在。另一派以爱因斯坦为代表，他们对此质疑。爱因斯坦说道：“**玻尔，上帝从不掷色子！**”玻尔反击道：“爱因斯坦，不要告诉上帝应该怎么做！”

上帝掷色子吗?

随着研究的深入，人们越来越支持玻尔的观点。物理学发展到这一步，已经超出了人们所能观察到的世界，甚至超出了人类想象力的极限。不过很快，这些玄而又玄的理论就带来了翻天覆地的现实影响。

了不起的原子能

20 世纪是人类历史上战争最多的世纪，也是技术进步最快的世纪。战争带来的压力会加速特定技术的发展。在第二次世界大战期间，美国在对**原子能**一无所知的前提下，仅仅用了三年半的时间，就完成了原子弹的研究和制造。

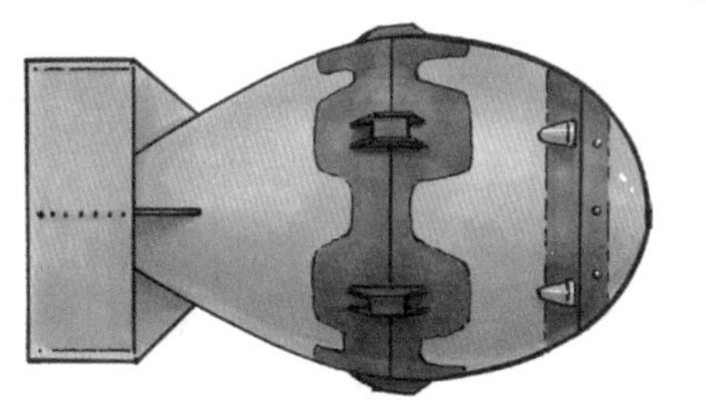
原子弹，胖子

爱因斯坦在狭义相对论中指出，能量和质量是可以相互转化的（以下简称**质能转化**），当质量变成能量之后，将释放巨大的能量。不过，实现质量到能量的转变，不是容易的事情。随后 30 多年的时间里，包括爱因斯坦在内的科学家并不知道如何实现质能转化。

物质的基本构成是分子，而分子是由原子组成的。比如，每个水分子就由一个氧原子和两个氢原子组成，而无数个水分子就构成了最常见的纯净水。在一般的化学反应中，原子是基本的单位，只有分子的组成会发生变化。比如我们将水电解，水分子就变成了氧气分子和氢气分子，而氧气分子和氢气分子就分别由氧原子和氢原子组成。而在化学反应前后，原子不会变化，总质量也是相等的。

但核裂变与核聚变（以下统称为“核反应”）并不是这样。在核反应中，原子并不是反应的基本单位了。原子最重要的部分是原子核，原子核由质子和中子组成，它决定了这个原子到底是什么。所谓“核反应”，就是原子核发生了变化，比如在反应前它是铀原子，在反应后可能就变成了钚原子和氦原子。这个过程中，反应前后的质量并不相等，一部分质量会变成非常巨大的能量。

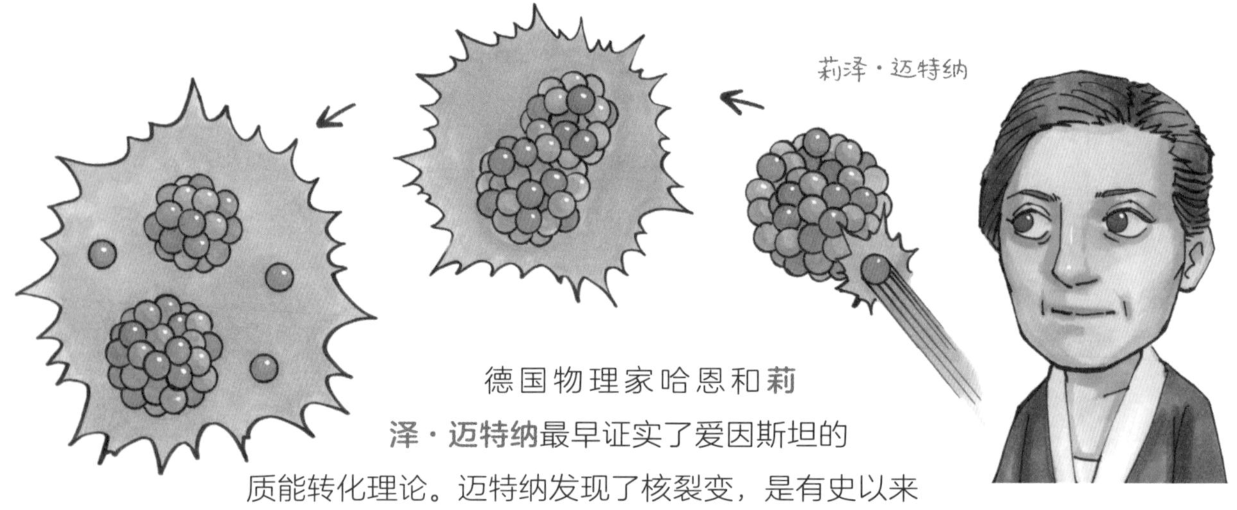

德国物理家哈恩和**莉泽·迈特纳**最早证实了爱因斯坦的质能转化理论。迈特纳发现了核裂变，是有史以来最杰出的女科学家之一。出于对她一生贡献的肯定，以她的名字命名了第 109 号**元素**鿏（Mt）。

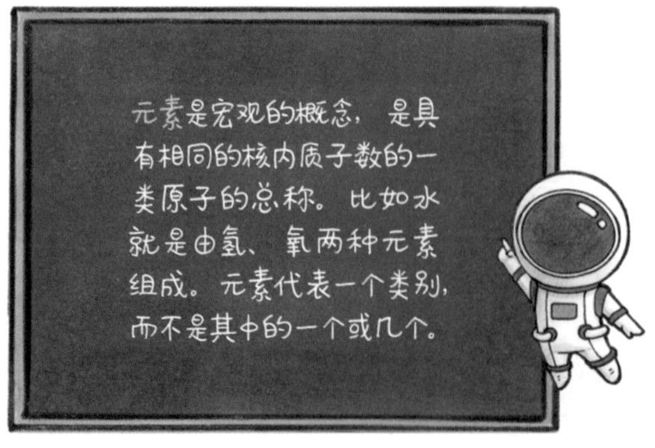

起初，哈恩和迈特纳并不是在寻找核裂变的可能性，而是想搞清楚为什么在元素周期表中，92 号元素铀之后就不再有新的元素了。

根据卢瑟福的理论，只

要往原子核里面添加质子，就应该产生新元素，但是科学家的努力都失败了。1934 年，美籍意大利物理学家**费米**宣布用粒子流轰击铀，“可能”发现了第 93、94 号元素，这在物理学界引起了轰动。

当时，全世界大部分著名的物理学实验室都试图重复费米的工作，迈特纳和她的老板哈恩也不例外。他们做了上百次实验，却一直未能成功。随后就赶上纳粹德国开始迫害和驱除犹太人，拥有犹太血统的迈特纳只好逃往瑞典，哈恩只能独自留在德国做实验。不过，哈恩和迈特纳一直有通信往来。1938 年底，哈恩把失败的实验结果送给在瑞典的迈特纳，希望她帮助分析原因。

迈特纳拿着哈恩的实验结果，坐在窗前冥思苦想，她看着窗外从房顶冰柱上滴下来的水滴，不禁灵机一动：或许原子并不是一个坚硬的粒子，而更像一滴水，那么能否将原子这滴水珠一分为二变成更小的水珠呢？

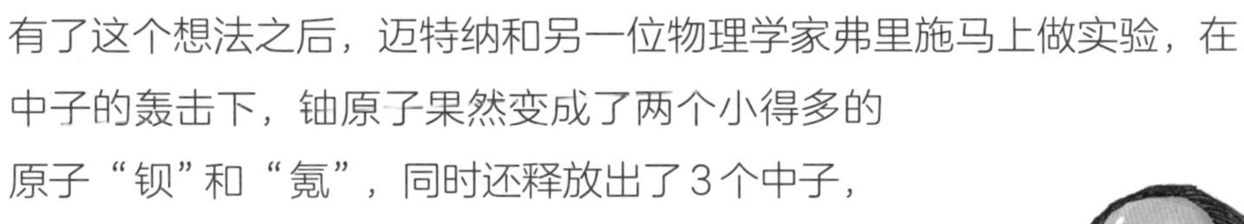

有了这个想法之后，迈特纳和另一位物理学家弗里施马上做实验，在中子的轰击下，铀原子果然变成了两个小得多的原子“钡”和“氪”，同时还释放出了 3 个中子，迈特纳证实了自己的想法。

随后，当他们清点实验的生成物时，发现了实验后的总质量少了一点点。在寻找丢失的质量时，迈特纳想到了爱因斯坦关于质能转换的预测，那些丢失的质量会不会已经转换成能量了呢？迈特纳按照爱因斯坦的公式计算出了丢失的质量应该产生的能量，然后再次做实验，最终证实多出来的能量正好和爱因斯坦预测的完全吻合。

1939 年 4 月，也就是迈特纳和弗里施的论文发表仅仅三个月后，**德国**就将几名世界级物理学家聚集到柏林，试图利用核裂变制造出可怕的战争武器。

但德国的第一次核计划只持续了几个月便终止了，原因居然是很多科学家都应征入伍了。没过多久，德国人又开始了第二次核计划，并一直持续到第二次世界大战结束。但是由于投入的工程力量远远不足，直到战争结束时，德国整个核计划也没有取得实质性进展，一直停留在科研阶段。

1941 年底，珍珠港事件之后，美国才真正开始全民战争动员，并启动了庞大的核计划。由于计划的指挥部最早在曼哈顿，因此也被称为**曼哈顿计划**。

曼哈顿计划集中了当时西方国家（除了纳粹德国）最优秀的核科学家，动员了10万多人，历时 3 年，耗资 20 亿美元。

格罗夫斯主持建造了五角大楼

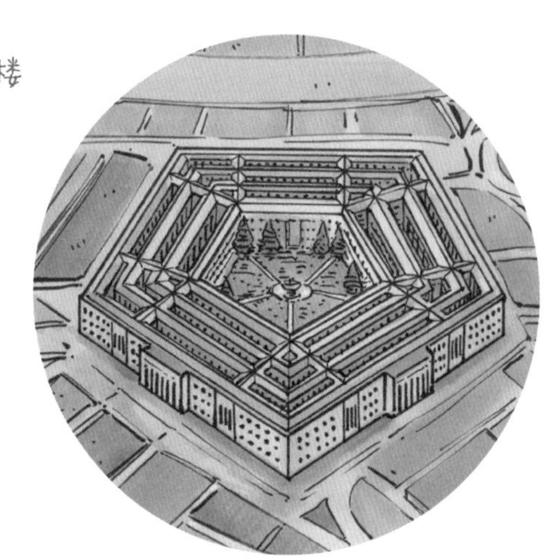

和德国人不同，美国是把研制原子弹这件事作为一个大工程，而不仅是科学研究。既然是工程，就需要有工程负责人。美国非常幸运地挑中了格罗夫斯，他懂得工程，主持建造了美国最大的建筑**五角大楼**。

事后证明，格罗夫斯不仅会盖房子，还是一位有远见卓识的优秀领导。他从寻找铀材料，到挑选各个环节的负责人，再到具体的武器制造，都做得十分出色。最重要的是，他对曼哈顿计划的技术主管奥本海默绝对信任，否则，美国原子弹的研究不可能那么顺利。

在格罗夫斯和奥本海默的领导下，原子弹的研究工作进展迅速。13 万直接参与者在美国、英国和加拿大的 30 个城市同时展开工作，居然在不到 4 年的时间里，完成了制造原子弹的任务。

1945 年 7 月 16 日，代号“三位一体”的世界上第一颗原子弹试爆成功。虽然爱因斯坦早就预言原子弹将释放出巨大的能量，但是没有人知道它真实的威力如何。在引爆前，科学家打赌，有人猜测它会失败，威力是 0；也有人大胆预测，它会释放出等同于 4.5 万吨 TNT 炸药的恐怖威力。

早上 5 点 29 分，一位物理学家引爆了这颗原子弹。刹那间，黎明的天空顿时闪亮无比。根据当时在场的人们的描述，它“比一千个太阳还亮”。这次爆炸当量近 2 万吨 TNT。所有人都震惊了，奥本海默更是觉得他释放出了魔鬼。

接下来的故事大家都知道了，美国在日本广岛和长崎投下了两颗原子弹，促成了日本的投降。

第二次世界大战后，原子能很快被用于和平目的。1951 年，美国建立了第一个实验性的**核电站**。1954 年，世界第一个连入电网供电的核电站在苏联诞生。随后，世界各地陆续建立起多个商业运营的核电站。到 2016 年底，全世界有 450 个核电站在运营，提供了全球发电量的 12%。

千里眼：雷达

在古代，交战双方获取敌军信息的方式主要是哨所、侦察兵和间谍等。后来，望远镜和侦察机的出现可以让人看得更远，但仍是依靠肉眼观察。因此，人们一直想拥有一种装置，能够自动扫描和发现四面八方的敌情。到 20 世纪初，这种装置终于被发明出来，它就是**雷达**。

早在 1917 年，尼古拉・特斯拉提出，可以使用**无线电波**侦测远处的目标。后来，意大利发明家、无线电工程师马可尼进一步完善了这种想法，改进为先发射无线电波，再接收无线电波的“回声”（反射波）用以探测船只。随后的十多年时间里，英国、美国、德国和法国的科学家也陆续掌握了这项技术，并且建立起实用的无线电探测站，也就是今天雷达站的前身。

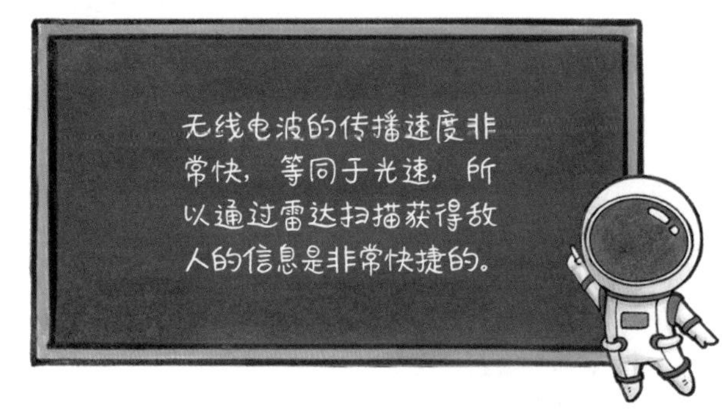

第二次世界大战中，雷达技术是各国的最高机密，而在战争结束后，它得到了普及和使用。从 20 世纪 50 年代开始，雷达成为电子工程的一个重要学科。到了 20 世纪 60 年代，雷达被广泛用于气象探测、遥感、测速、测距、登月及外太空探索等各个方面。

科学家还利用雷达接受无线电波的特性，发明了只接收信号、不发射

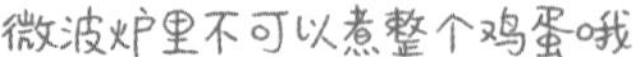

信号的射电望远镜，它们也可以被看成是雷达技术的一个应用。2016 年 9 月，**“中国天眼”**在贵州落成，这是一个直径长达 500 米的球面射电望远镜（FAST），利用的就是雷达的原理。

进入 21 世纪后，从军事中诞生的雷达已经进入我们生活的各个角落，从很小的倒车雷达、手持测速仪器，到自动驾驶汽车上的激光雷达、检测气象和大气污染的气象雷达，种类非常多。此外，雷达中关键的部件——多腔磁控管，经过改进后，变成了我们今天几乎每个家庭都有的微波炉。

“中国天眼”具有中国独立自主知识产权，是世界上目前口径最大、最精密的单天线射电望远镜

柳树皮里有阿司匹林

第二次世界大战期间，战火纷飞，生灵涂炭。为了救治伤员，或者为伤员减轻痛苦，人们急需具有止痛效果的药品。

1763 年，牛津大学沃德姆学院的牧师爱德华·斯通首次发现了水杨酸，这种来自柳树皮的成分可以退烧止痛。斯通向当时的英国皇家学会提交了他的发明，但是当时的化学合成技术不发达，他没有制造出药品。

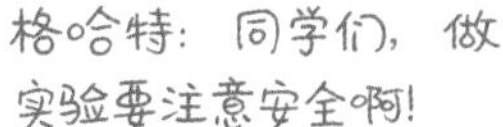

1853 年，法国化学家**格哈特**在实验室里合成出了乙酰水杨酸，但当时分子结构理论并不完善，格哈特并不清楚这份合成的物质到底是什么。几年后，格哈特在做实验时不幸中毒去世，对水杨酸的研究也就自然终止了。

事实上是，水杨酸不能直接服用，因为它对胃的刺激非常大，过量服用甚至会导致死亡。

1897 年，德国拜耳公司的化学家费里克斯·霍夫曼经过多年研究，合成了对胃刺激相对较小的镇痛药乙酰水杨酸，并被拜耳公司命名 Aspirin，也就是**阿司匹林**。这个名字来自提炼水杨苷的植物——旋果蚊草子的拉丁文名称（*Spiraea ulmaria*）。霍夫曼研究阿司匹林是为了给他的父亲治病。霍夫曼的父亲是一位风

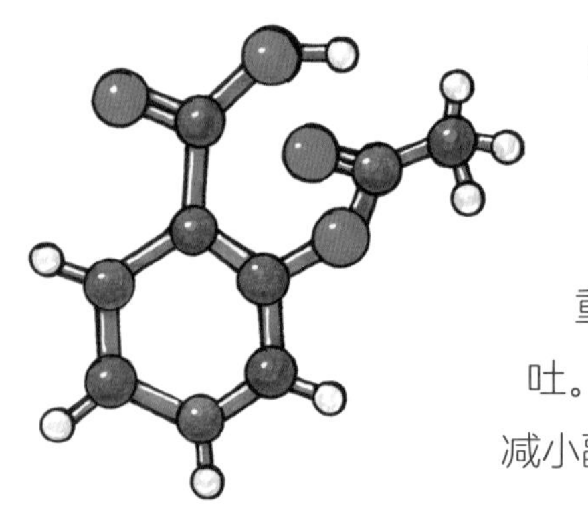

阿司匹林分子结构

湿病患者，饱受病痛折磨，当时各种含有水杨酸的止疼药物，在止痛的同时，对胃刺激严重，以至于他父亲服药后就胃痛不已，还经常呕吐。所以在发明阿司匹林时，霍夫曼就将重点放在了减小副作用上。

经过改进后，早期的阿司匹林副作用依然不小，但是它的药效确实明显，拜耳公司两年后终于正式开始出售它。1917 年拜耳公司的专利到期之后，全世界的药厂为了争夺阿司匹林的世界市场，展开了激烈的竞争。阿司匹林成了第一款在全世界热销的药品。

1918 年，欧洲爆发了大瘟疫（**西班牙型流行性感冒**），阿司匹林被广泛用于止痛退烧，在战胜瘟疫的过程中发挥了巨大的作用。

由于阿司匹林的副作用较大，今天大部分阿司匹林都被做成了肠溶药片（避免在胃中溶解刺激）。后来人们还发现阿司匹林对血小板凝聚有抑制作用，可以降低急性心肌梗死等心血管疾病的发病率。阿司匹林一直是全世界应用最广泛的药物之一，每年的使用量约 4 万吨。

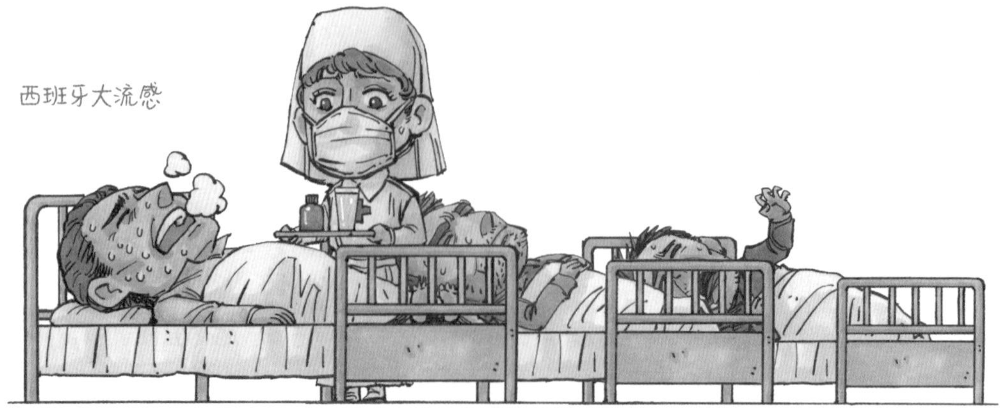

西班牙大流感

“万灵药”青霉素

青霉素用于治疗细菌感染。

第一次世界大战期间，因为细菌感染而死亡的士兵比直接死于战场的还要多。当时医生只能为伤员的伤口进行表面消毒，但是这种救护方法不仅效果有限，有时还有副作用，常常加重伤员的病情。当时，英国医生**亚历山大·弗莱明**作为军医到了法国前线，目睹了医生对细菌感染无计可施的困境。战后他回到英国，开始研究细菌的特性。

1928 年 7 月，弗莱明照例要去休假，他在休假前培养了一批金黄色葡萄球菌，然后就离开了。但是，或许是培养皿不干净，等到弗莱明 9 月份回到实验室时，发现培养皿里面长了霉。弗莱明仔细观察了培养皿，发现霉菌周围的葡萄球菌似乎被溶解了，他用显微镜观察霉菌周围，证实那些葡萄球菌都死掉了。

于是，弗莱明猜想，会不会是霉菌的某种分泌物杀死了葡萄球菌，他把这种物质称为“发霉的果汁”。为了证实自己的猜测，弗莱明又花了几周时间培养出更多这样的霉菌，以便能够重复先前的实验结果。9 月 28 日早上他来到实验室，发现细菌同样被霉菌杀死了。经过鉴定，这种霉菌为**青霉菌**，弗莱明在论文里将这种霉菌分泌的物质称为青霉素。青霉素的英

文是 penicillin，中国过去将它音译为“盘尼西林”。

故事到这里并没有结束，弗莱明证实了青霉素的杀菌功能，迈出了伟大的第一步，但并不代表他能制出青霉素药品。弗莱明发现了“发霉的果汁”有药用的成分，但这和成品药还是两回事。接下来的10年里，弗莱明一直在研究青霉素，但没有取得什么进展。

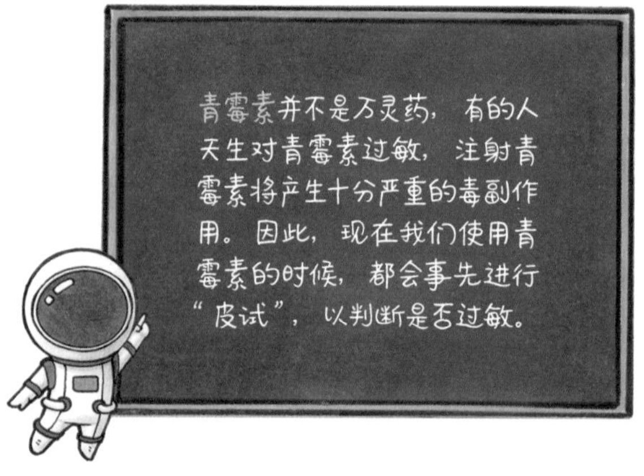

就在弗莱明想要放弃对青霉素的研究时，另一位来自澳大利亚的牛津大学病理学家、德克利夫医院一个研究室的主任霍华德·弗洛里接过了接力棒。弗洛里精通药理，有非凡的组织才能，手下有一批能干的科学家。1938年，弗洛里和他的同事、生物化学家钱恩注意到了弗莱明的那篇论文，于是从弗莱明那里要来了相关资料，并开始研究青霉素。

弗洛里等人很快就取得了成果，他实验室里的科学家钱恩和爱德华·亚伯拉罕终于从青霉菌中分离和浓缩出了有效成分——青霉素。

1943年，爱德华·亚伯拉罕发现了青霉素中的有效成分青霉烷，这就可以进一步提纯青霉素的有效成分，过滤掉其他可能有害的成分。1945年，牛津大学女科学家多萝西·霍奇金通过X射线衍射，搞清楚了青霉烷的分子结构。1957年，美国麻省理工学院的希

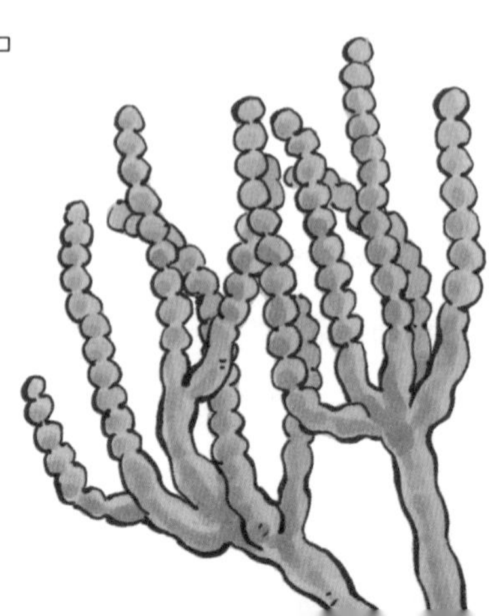

恩成功合成了青霉素。从此，生产青霉素不再需要培养霉菌。

抗生素出现后，人类的平均寿命增加了 10 年，人类从此对医生有了信心。青霉素是人类有史以来发明的最重要的药品。同时我们看到，研制出一款新药是一个非常复杂的过程，带有偶然性的发现只是第一步，接下来还需要了解它的药理及有效成分，并且最终通过化学的方法提炼或者合成纯净的药品。

可合成的生命所需

很久以前，人们就发现，如果饮食中缺乏某种物质，就会导致疾病，而治疗的方式正是吃某种食物。比如，食用动物肝脏可以治疗夜盲症；喝柠檬汁能够预防坏血病（现在叫维生素 C 缺乏病）；食用带有稻糠的糙米可以避免脚气病。

1911 年，波兰化学家冯克从米糠中分离出抗神经炎的物质，并把这种物质称为“vitamine”（由 vita

和 mine 组成，即生命的元素），后来这个词演变成今天的“**维生素**”（vitamin）一词。1934 年，美国化学家威廉姆斯最终确定了这种物质的化学结构，并命名为硫胺素（thiamine，由 thio 和 vitamine 组成），即我们常说的维生素 B_1，而维生素成为各种维生素的总称。

维生素是一个大家族，它们各自的功能、化学性质和分子结构相差很大。其中有一些极为简单，也非常容易合成，比如维生素 C，但是另外的一些却极为复杂，比如维生素 B_{12}。任何高等动植物都不能自己合成维生素 B_{12}，但它又是人体所必需的，缺乏这种维生素，人体的造血功能就会出问题。自然界中的维生素 B_{12} 都是由微生物合成的，并通过饮食进入人体。

人类在 20 世纪 30 年代认识到了维生素 B_{12} 的用途，但是药厂过去只能从动物的肝脏里提取 B_{12}，产量极低。1956 年，英国著名女科学家霍奇金利用 X 射线测出了维生素 B_{12} 的分子晶体结构，但是它的分子结构确实太复杂了。1965 年，美国杰出的有机化学家**伍德沃德**因在有机合成方面的杰出贡献而荣获诺贝尔化学奖，这让他有了足够的声望。后来他组织了 14 个国家的 110 多名化学家，协同研究维生素 B_{12} 的人工合成问题。在研究过程中，伍德沃德和他的学生罗阿尔德·霍夫曼发明了一种拼接式合成方法，即先合成**维生素 B_{12}** 的各个局部，然后再把它们拼接起来。这种方法后来成了合成所有有机大分子的范例，被称为伍德沃德－霍夫曼规则。

伍德沃德，现代有机合成之父

伍德沃德在合成维生素 B_{12} 的过程中，一共做了近千个非常复杂的有机合成实验，前后历时 11 年，终于在他去世前的 1972 年完成了合成工作。后来，霍夫曼因此获得了 1981 年的诺贝尔化学奖。因为当时伍德沃德已去世两年。

20 世纪 70 年代末，美国加州大学旧金山分校的几位科学家发现了人类合成胰岛素的基因。1976 年，加州大学旧金山分校的教授博耶成功地将细菌的基因和真核生物的基因拼接在一起，这实际上是一种转基因技术。接下来，他在风险投资人的帮助下，成立了基因泰克公司。1978 年，博耶和他的同事利用这种技术成功地将大肠杆菌的基因和人类胰岛素基因合成在一起，然后送回到大肠杆菌中，这样大肠杆菌就产生出了人的胰岛素。最终，人工合成的胰岛素极大地改善了成千上万糖尿病患者的生活质量，并延长了他们的寿命。

药品发明的过程大致遵循下面这些步骤：

搞清楚发病的原因 → 找到对治病有效的原始药物 → 找到药物中的有效成分 → 搞清楚药理和副作用 → 制造（合成）出副作用足够小、疗效足够好的药物

上述过程虽然复杂，但是有了这样一套统一的规范，人类在新药的研究上就能取得巨大的进步。

在农耕文明时代，人均寿命鲜有提升，但是在进入工业革命之后，世界人均寿命迅速提升，从不到 40 岁增加到 70 多岁，良好的卫生环境和保健意识、医学的成就和制药业的发展功不可没。

信息时代
第九章

起初，人们往往会把无法理解的事情归结为神的力量。后来，牛顿开启了知识的新时代，人们相信，一切事情都是确定的、连续的，是可以用简单明了的规律加以描述的。而“物理学危机”之后，人类终于承认，世界的本质是不确定的、非连续的。

为了解决不确定性的问题，人类开发了新的数学工具和方法论，在此基础上，信息技术和信息产业有了巨大的发展，并且成为二战之后世界科技发展和经济增长的动力源头。

数学的“进化”

到了 20 世纪，虽然不再有阿基米德、牛顿和高斯这样的大数学家出现，也不再有欧氏几何学、笛卡儿解析几何和牛顿－莱布尼茨微积分那样众所周知的新的数学分支诞生，但是数学还是在飞速发展，数学和基础科学的关系比过去更加紧密。

为了适应新的科技发展，数学在 20 世纪产生了一些新的分支，同时一些过去处于数学王国边缘的分支也开始占据中心位置，其中非常值得一提的是概率论和统计、离散数学、新的微积分和几何学，以及数论等。

在数学界，既然一切定理和结论都是定义和少数公理（或者公设）自然演绎的结果，那么，如果公理错了怎么办？答案是很麻烦，一方面，数学某个分支的大厦会轰然倒塌，但另一方面，却能使数学得到进一步的发展。几何学的发展，便是如此。

我们知道欧氏几何学的大厦离不开它的5条公设：

1 由任意一点到另外任意一点可以画直线。

2 一条有限直线可以继续延长。

3 以任意点为心及任意的距离（半径）可以画圆。

4 凡直角都彼此相等。

5 同平面内一条直线和另外两条直线相交，若在某一侧的两个内角的和小于二直角的和，则这二直线经无限延长后在这一侧相交。

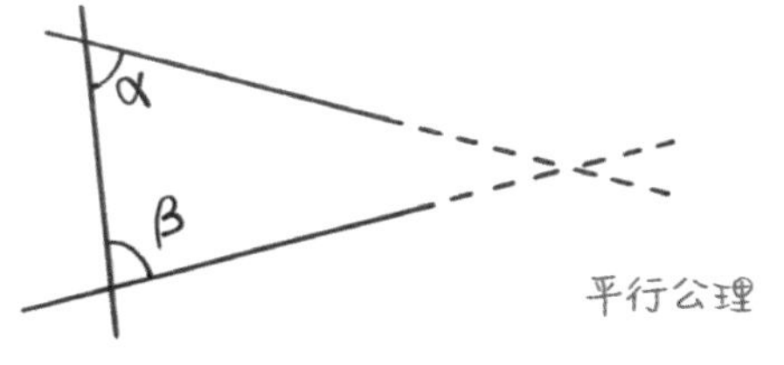

平行公理

前4条大家都没有异议，对于第5条（等同于“过直线之外一点有唯一的一条直线和已知直线平行”），一般人在学习几何学时都没有怀疑过，因为它和我们的常识一致。但是，如果过直线外的一点能做出来不止一条平行线怎么办？一条平行线也做不出来又怎么办？如果是这样，欧氏几何的大厦就塌了。

19世纪初，俄罗斯数学家罗巴切夫斯基就假定能做出不止一条平行线，从而推演出另一套几何学体系，被称为罗氏几何。19世纪中期，

黎曼

德国著名数学家黎曼又提出了新的假设，即过直线外的一点，一条平行线也做不出来，从而又推演出了一套新的几何学体系，被称为黎曼几何。

面对三套相互矛盾但又各自非常严密的几何学体系，数学家很快发现这三种几何都是正确的，只是它们一开始的假设不同。至于应该用哪一套几何学，则要看用在什么场合。在我们的日常生活中，即一个不大不小、不远不近的空间里，欧氏几何是最适用的；但是，要研究像珊瑚表面那种形状的二维空间，罗氏几何更符合客观实际；而在地球表面研究航海、航空等实际问题时，黎曼几何显然更为准确。

罗巴切夫斯基、黎曼等数学家的工作表明，数学内在的逻辑性比它们的假设前提更重要，而具有坚实基础的数学分支必须是一个自洽的公理化体系。

进入 20 世纪后，数学的严密性比牛顿时代更强了，其中有 4 项重大成就：

1 从黎曼几何发展起来的微分几何。它是今天理论物理学和很多科学的工具。

2 现代数论。它是今天密码学、网络安全和区块链的基础。

3 公理化的概率论和与之相关的数理统计。它是后来信息论和人工智能技术的基础。

4 离散数学。它是计算机科学的基础。

概率论的历史其实很悠久，16 世纪，意大利百科全书式的学者卡尔达诺在其著作《论赌博游戏》中就给出了一些概率论的基本概念和定理。

好玩吧？会玩吧？没玩过吧？

17 世纪，法国宫廷开始玩一种**掷色子的游戏**，连续掷 4 次色子，如果有一次出现 6 点，就是庄家赢，否则是玩家赢。大家为了赢钱，就去请教数学家费马，费马用概率的方法算出庄家略占上风，赢面是 52%。这是概率论和数学相关的第一次记载。

柯尔莫哥洛夫和牛顿、高斯、欧拉等人一样，是历史上少有的全能型数学家，而且同样是少年得志。1925 年，22 岁的柯尔莫哥洛夫就发表了概率论领域的第一篇论文，30 岁时出版了《概率论基础》一书，将概率论建立在严格的公理基础上，这标志着概率论成了一个严格的数学分支。1931 年，柯尔莫哥洛夫发表了在统计学和随机过程方面具有划时代意义的论文《概率论中的分析方法》，它奠定了“马尔可夫过程”的理论基础。从此，马尔可夫过程成为后来信息论、人工智能和机器学习强有力的科学工具。没有柯尔莫哥洛夫奠定的数学基础，今天的人工智能就缺乏理论依据。

柯尔莫哥洛夫：想想办法折磨那些大学生

柯尔莫哥洛夫一生在数学上的贡献极多，甚至在理论物理和计算机算法领域也有相当高的成就，被誉为 20 世纪数学第一人。

数学也是计算机科学的基础，但是

计算机使用的数学和过去大不相同，因为计算机处理的都是离散的而不是连续变化的数值，比如整数、集合、图、二元逻辑等。对象不同，工具也就不同，这些数学分支因为都是处理离散的结构及其相互关系的，故被统称为离散数学，它包括数理逻辑、抽象代数、集合论和组合数学等。也有人将与密码学息息相关的数论归到离散数学中。

整个 20 世纪科技的发展离不开新的数学工具，只是它们常常在幕后默默地起作用，不为人关注。随着人类开始进入信息时代，存储和处理大量的信息需要新的工具，电子计算机便应运而生。

从算盘到机械计算机

在美国硅谷的山景城，有着世界上最大的计算机博物馆，进入博物馆，最显眼的地方立着一个大展牌，上面写着“计算机有 2000 年的历史”。你可能会感到疑惑，第一台计算机不是 1946 年才诞生的吗?

如果我们说的是现代意义上的电子计算机，那确实是 1946 年；但如果说的是逻辑上类似于计算机，且能够实现计算功能的工具，则早在 2000 年前的中国就有了，它有一个古朴的名字——**算盘**。

但是，再熟练的算盘使用者也快不

帕斯卡计算器

过机械，算盘只能用人作为动力，这会限制它的运算速度，人们需要一种能够通过机械传动完成计算的机器，后来它被称作机械计算机或机械计算器。

1642 年，法国著名数学家帕斯卡第一个发明了这样的机器，实现了简单的计算功能。机器的动力来自一个手工的摇柄，我们直接用他的名字命名为**“帕斯卡计算器”**。

帕斯卡计算器的原理很简单，它由上下两组齿轮组成，每一组齿轮可以代表一个十进制的数字，在齿轮组外面有对应的一排小窗口，每个窗口里又刻了数字 0~9 的转轮，用来显示计算结果。

1671 年，德国数学家**莱布尼茨**发明了一种能够直接执行四则运算的机器，也就是在之前加法和减法的基础上，可以直接运算乘法和除法。后来，他又发明了一种“莱布尼茨轮”，这种转轮可以很好地解决进位问题。在随后的三个世纪里，各种机械计算器都要用到莱布尼茨轮。

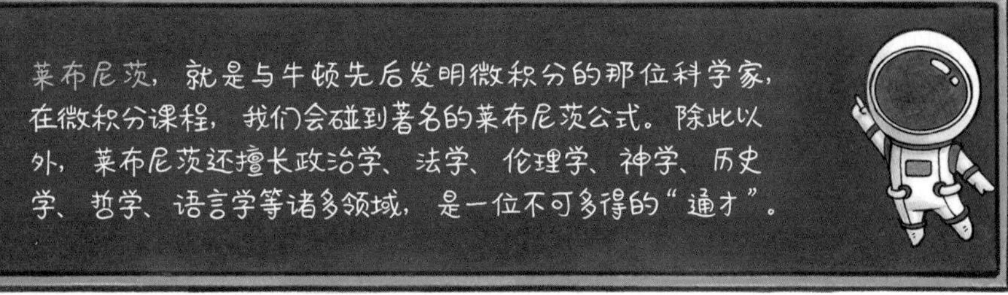

四则运算当然不是终点，19 世纪的时候，英国著名数学家**巴贝奇**设计出**“差分机”**，用来计算微积分。1823 年，英国政府出资让巴贝奇

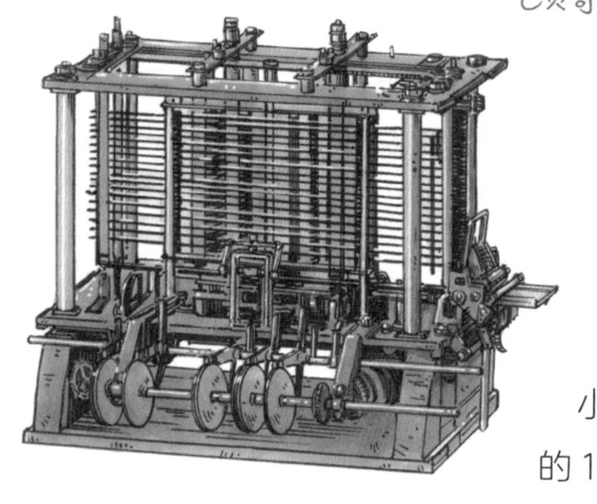

巴贝奇自制的差分机复制品，现藏于硅谷的计算机博物馆

制造差分机，但由于这个机器太复杂，里面有包括上万个齿轮在内的 2.5 万个零件，当时的工艺根本无法制造。直到 1832 年，巴贝奇用了近十年的时间，也只造出了一台小型的工作模型，完成度仅仅是整体的 1/7，这个项目后来也被暂停了。

你用过计算机吗

如果一台计算机能够依靠程序自动运算，那该多好。

德国工程师楚泽首次实现了这样的功能。在从事设计工作的时候，楚泽发现，很多烦琐的计算其实都在使用相同的公式，只是代入的数据不同，这种重复的工作似乎可以交给机器去完成。有了这个想法后，1936 年，26 岁的楚泽干脆辞职专心研究这种机器，但他并没有多少关于计算机的知识。当时，图灵已经提出了计算机的数学模型，楚泽却对此一无所知。

不过，楚泽的数学基础非常好，他将布尔代数（源于一种用于集合运算和逻辑运算的公式）用于计算机的设计，用二值逻辑控制机械计算机的开关，搭建起了实现二进制运算的简单机械模块，然后再用很多这样的模块搭建起了计算机。

1938 年，楚泽独自一人研制出了由电驱动的机械计算机，代号 Z1。这台计算机拥有今天计算机的很多组成部分，比如控制器、浮点运算器、程序指令和输入输出设备（ 35 毫米打孔胶片 ）。更重要的是，Z1 是世界上第一台依靠程序自动控制的计算机，在计算机发展史上是一个重大突破。此前的各种计算机无论结构多么复杂，动力来自人还是电，都无法自动运行程序。

Z3 机械计算机

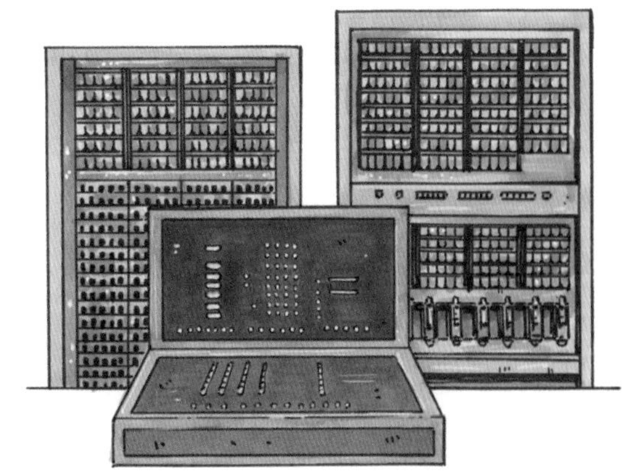

接下来，楚泽又研制出采用继电器代替机械的 Z2 计算机，以及能够实现图灵机全部功能的 **Z3 计算机**。虽然这些计算机工作效率比不上后来美国人发明的电子计算机，但它们仍有划时代的意义。在巴贝奇时代，计算机的设计理念越来越复杂，而楚泽通过编程把复杂的逻辑变成了简单的运算，这才让后来的计算机能够不断进步。

遗憾的是，工程师楚泽并不是理论家，无法将他的工作上升到理论的高度。在理论上解决电子计算机问题还要靠香农、图灵和冯·诺伊曼等人。

今天，香农主要是作为信息论的提出者而被大家熟知，当然，他还有一大贡献，就是设计了能够实现布尔代数，也就是用二进制进行运算和逻辑控制的开关逻辑电路。今天，所有的计算机处理器的运算功能，都是由无数个开关逻辑电路搭建出来的，就如同用乐高积木搭出一个复杂的房子一样。

香农解决了计算本身的问题，而图灵解决了计算机的控制问题。1936 年，年仅 24 岁的图灵用一种抽象化的数学模型描述了机械进行计算的过程，这个数学模型就是图灵机。至此，计算机的数学模型便准备好了。

香农解决了计算本身的问题

图灵机本身并不是具体的计算机，而是为后来各种计算机划定的一种设计原则。1943 年，出于战争的需要，美国开始研制世界上第一台电子计算机，以帮助解决长程火炮中的计算问题。美国军方将这个任务交给了宾夕法尼亚大学的教授莫奇利和他的学生埃克特。他们 1946 年研制出的那台计算机的代号为**埃尼亚克**（ANIAC）。

在埃尼亚克之前，人类研制的计算机都是为了进行特殊运算。然而，一次偶然的事件让人类在计算机发展过程中少走了很多弯路。1944 年，当时正在研制氢弹的冯·诺伊曼听说了莫奇利和埃克特正在研制计算机，此时他正需要解决大量计算问题，所以也参与了电子计算机的研制。这时，冯·诺伊曼等人发现，埃尼亚克只能计算弹道轨迹，而这时设计已经完成，并且建造了一半，只好硬着头皮继续做下去。与此同时，美国军方决定按照冯·诺伊曼的想法再造一台全

埃尼亚克计算机

新的、通用的计算机。于是，冯·诺伊曼和莫奇利、埃克特一起，提出了一种全新的设计方案：爱达法克（electronic discrete variable automaticcomputer，EDVAC，离散变量自动电子计算机）。1949年，爱达法克被制造出来，并投入使用，这才是世界上第一台通用的电子计算机。

埃尼亚克是个庞然大物，重量超过 30 吨，占地 160 多平方米，使用了 2 万多个电子管、7000 多个晶体二极管、7 万多个电阻和 1 万多个电容，以及约 500 万个焊接头，耗电量大约是 15 万瓦。

当时它一启动，周围居民家的灯都要变暗。埃尼亚克的运算速度是每秒 5000 次，只有今天智能手机的百万分之一，但当时大家都觉得这已经非常快了，以至观看计算机演示的英国元帅蒙巴顿称它是“电脑”，电脑一词由此而来。

接下来，计算机发展既需要算力的提升，也需要扩大产量。

什么是摩尔定律

早期计算机使用电子管作为元件，不仅速度慢、耗电量大，而且价格昂贵，还容易损坏。而在计算机诞生后不久，一项新发明解决了这个问题。

晶体管

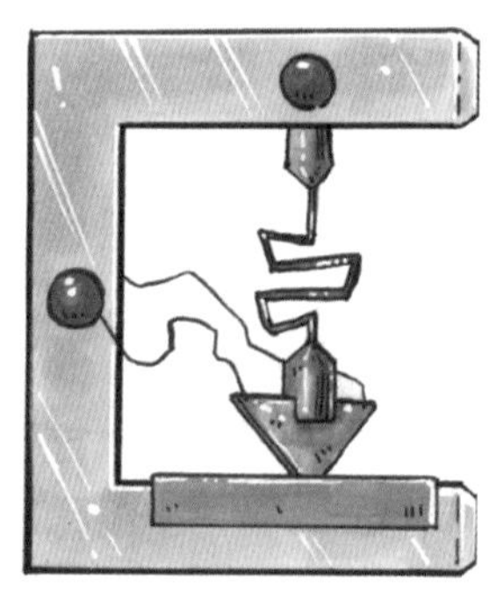

1947 年，AT&T 贝尔实验室的英国科学家**肖克利**和他的同事巴丁、沃尔特・布拉顿发明了**半导体晶体管**。使用晶体管取代电子管后，不仅计算机的速度提升了百倍，各项成本也大幅降低了。

1956 年，肖克利辞去贝尔实验室的工作，在旧金山湾区创办了自己的半导体实验室。利用积累的名气，肖克利很快就网罗了一大批科技界的青年才俊，包括后来发明了集成电路的诺伊斯、提出摩尔定律的摩尔，以及凯鹏华盈的创始人克莱纳等。为了保证找到的人都绝顶聪明，肖克利的招聘广告由代码写成，并刊登在学术期刊上，一般人根本读不懂他的广告。

不过，肖克利虽然是科学上的天才，却对管理一窍不通，也没有商业远见。1957 年 9 月 18 日，肖克利手下的 8 位年轻人向他提交了辞职报告。肖克利勃然大怒，称他们为“**八叛徒**”。

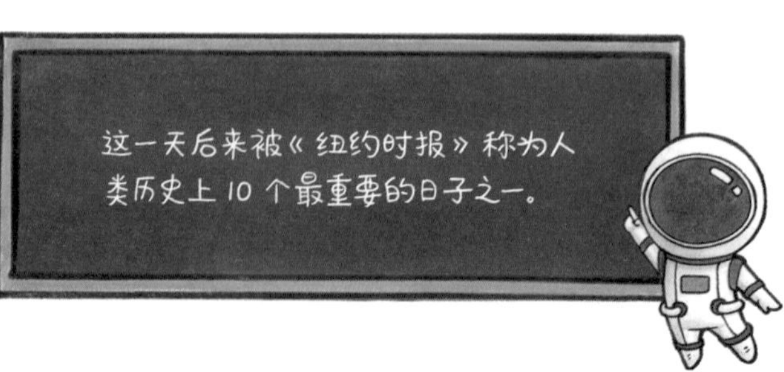

肖克利与“八叛徒”江湖再见！

因为在肖克利看来，他们的行为不同于一般的辞职，而是学生背叛老师。此后，“叛徒”这个词在硅谷的文化中成了褒义词，它代表着一种敢于对抗传统的创业精神。

1957年，8位年轻人一起创办了仙童半导体公司，其中一位创始人诺伊斯和德州仪器公司的基尔比共同发明了集成电路。集成电路是将很多晶体管和复杂的电路集成到一个指甲盖大小的半导体芯片上，不仅可以大幅提升计算机的性能，还可以降低功耗和成本。

仙童半导体公司开创了全世界的半导体行业，被誉为“世界半导体公司之母”。20世纪60年代，全世界各大半导体公司的领导在一起开会时，惊奇地发现90%的参会者都先后在仙童半导体公司工作过。这些公司大部分集中在旧金山湾区。由于集成电路使用的半导体原材料主要是硅，靠集成电路产业发展起来的旧金山湾区后来被外界称为**“硅谷”**。

硅谷

1965年，大多数人还不知道什么是集成电路，仙童半导体公司的另一位创始人

摩尔就提出了著名的“**摩尔定律**”，并大胆预测集成电路的性能每年翻一番。1975 年，他将预测修改为每两年翻一番。后来人们把翻番的时间改为 18 个月，而这个趋势持续了半个多世纪。今天，任何一部智能手机的计算能力都远远超过了当时控制阿波罗登月的巨型计算机。

摩尔

摩尔定律并非自然科学定律，而是内行人摩尔的经验之谈，其核心内容为：集成电路上可以容纳的晶体管数目大约每经过 18 个月便会增加一倍。

也正如摩尔定律所言，随着性能持续提升，集成电路价格持续下降，到 1976 年，计算机终于成了个人也消费得起的商品。从这时起，小小的半导体芯片的影响力不再局限于计算机行业，而开始改变整个世界的经济结构。

沃兹 & 乔布斯

这一年，硅谷地区的工程师**史蒂夫·沃兹尼亚克**设计并手工打造了世界上第一台个人计算机——Apple I，他的朋友**史蒂夫·乔布斯**则提出销售这台计算机，并且成立了苹果公司，从此开始了个人计算机时代。

保罗·艾伦 & 比尔·盖茨

1975 年 1 月，工程师**保罗·艾伦**和还在学校里读书的**比尔·盖茨**在美国的《大众电子》杂志上，看到了一篇 MITS（微型仪器和遥感系统）公司介绍其 Altair 8800 计算机的文章。于是盖茨联系了 MITS 公司总裁爱德华·罗伯茨，表示他们已经为这款机器开发出了 BASIC 程序。实际上，当时他们一行代码也没有写。

MITS 公司同意几周之后见面，并看看盖茨的东西。1975 年 2 月，经过夜以继日的工作，盖茨和艾伦编写出可在 Altair 8800 上运行的程序，并出售给 MITS 公司。1976 年 11 月 26 日，盖茨和艾伦注册了“微软”商标。当时艾伦 23 岁，盖茨 21 岁。

1980 年，IBM 公司为了以最快的速度推出个人计算机，公开寻找合适的操作系统。盖茨看到了机会，他用 7.5 万美元买来磁盘操作系统（DOS），转手卖给了 IBM。盖茨的聪明之处在于，他没有让 IBM 买断 DOS，而是从每台收益中收取一笔不太起眼的授权费。后来，IBM 沦为众多个人计算机制造商之一，而所有的个人计算机操作系统都离不开 DOS，比尔·盖茨被誉为“机器背后的人”。而微软更大的贡献在于视窗操作系统，尤其是 Windows3.0 的出现具有划时代的意义。

20 世纪 60 年代开始，摩尔定律成了全球经济的根本动力。人类消耗了更少的能量，却产生了更多的信息，而传递信息的能力也在翻倍增长。今天全球数据的增长速度，大约是每三年翻一番，并且这一趋势还在延续。因此，人类来到了信息时代。

“无所不能”的互联网

20 世纪 60 年代的时候，计算机十分昂贵，美国 70% 的大型计算机都由“高等研究计划署”支持。这个机构具有军方背景，由政府提供扶持。当时，使用这些大型机里面的信息往往需要出差，这是一件很麻烦的事情。于是，1967 年，高等研究计划署的**劳伦斯·罗伯茨**负责建立起一个网络，让大家可以远程登录使用大型计算机，共享信息。这个网络被称为“阿帕网”，它就是互联网的前身。

劳伦斯·罗伯茨，阿帕网之父

最初的阿帕网只连接了 4 台计算机，它们被分别放置在美国西部的 4 所大学里。1969 年 10 月 29 日，加州大学洛杉矶分校（UCLA）计算机系的学生查理·克莱恩向斯坦福研究中心发出了阿帕网上的第一条信息——login（登录），遗憾的是，刚收到 2 个字母，系统就崩溃了。工程师又忙乎了一个小时，克莱恩再次尝试，才将这 5 个字母发送过去。

1981 年，为了方便研究人员的远程使用，美国国家科学基金会（NSF）在阿帕网的基础上进行了大规模的扩充，形成了 NSFNET，这就是早期的互联网。由于是为了科研，美国国家科学基金会提供了网络运营的费用，让大学教授和学生免费使用。这个免费的决定成为今天互联网免费的传统。

20 世纪 80 年代末，一些公司也希望接入互联网，当然，美国国家科学基金会没有义务为它们买单，因此就出现了以商业为目的的互联网服务提供商。不过，互联网最初规定，不允许在上面从事商业活动，比如做广告、买东西等。因此，互联网的发展速度受到了一定的影响。

20 世纪 90 年代开始，美国政府退出了对互联网的管理。1990 年，美国高等研究计划署首先退出了对互联网的管理；5 年后，美国国家科学基金会也退出了。从这时起，整个互联网迅速商业化，大量资金的涌入使得互联网开始爆发式增长。

互联网的发展说明，政府需扶持那些暂时产生不了效益的新技术，当技术成熟、可以靠市场机制发展时，政府便可以放飞这只长大的鸟儿。

互联网的发展还带来一个结果，就是个人不再需要购买速度很快、很耗电的计算机，人们完全可以使用在计算中心的资源，这其实是互联网诞生的初衷。当然，今天它被赋予了一个新的名词——云计算。有了云计算，无论是个人还是企业，只要有一个便携终端，就能随时随地访问各种信息，并且使用数据中心的服务器处理各种业务。于是，从 2007 年开始，相应的各种设备，包括智能手机和平板电脑等便应运而生。

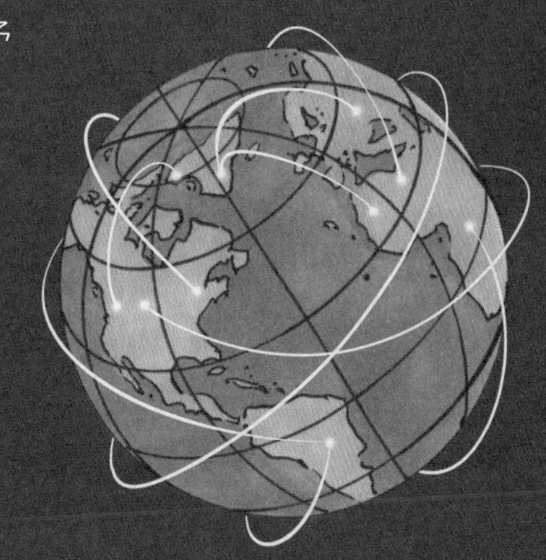

世界被网络连接

日新月异的移动通信

进入 21 世纪后，贝尔等人开创的传统电信行业（主要是固定电话）一直在走下坡路。但同时，移动通信却飞速发展。

移动通信是双向无线通信，它最方便，但难度也最大。相比有线通信，无线通信有三个难点。首先，传输率受限制。根据香农第二定律，传输率不能超过带宽。其次，无线通信使用的无线电波信号会在空气中衰减，信号要想传得远，就需要很大的发射功率。最后，无线电信号很容易受到干扰，这既包括人为因素，又包括非人为因素，比如建筑物的墙壁等。

移动电话刚被生产出来时，有两家公司在争夺民用通信领域的地位，分别是 AT&T 公司和摩托罗拉公司。AT&T 公司的主营业务是固定电话，它认为家庭用的无绳电话是未来发展的方向，而以移动通信见长的摩托罗拉则看准了移动电话。当时 AT&T 公司认为，即便发展 20 年，到 2000 年，全球使用移动电话的人数也不会超过 100 万，而现实结果是它预测的 100 倍。摩托罗拉则主导了全球**第一代移动通信**的发展。

不过，摩托罗拉的辉煌没有持续太久，因为 2G（第二代移动通信）很快开始起步。第一代移动电话是基于模拟电路技

2G 时代的手机

术，设备昂贵而且笨重。**第二代移动电话**一方面采用新的通信标准，另一方面对芯片重新设计，做成一个专用集成电路，这使手机的体积变小，能耗变低，通信速率大幅提高了。2G 的诞生给了诺基亚和三星等公司后来居上的机会，而固守原有技术和市场的摩托罗拉开始落伍。

不过，诺基亚的辉煌随着 3G（第三代移动通信）时代的到来戛然而止。2007 年，作为一家计算机公司，苹果开始进入移动通信市场，它所推出的触屏智能手机 iPhone 更像是一个小的计算机终端。

事实上，iPhone 的通话话音并不清楚，相比其他老品牌完全没有优势，因此，诺基亚对这种花哨的手机嗤之以鼻。不过，市场很快证明，诺基亚变成了自己讨厌的样子，重走了摩托罗拉的老路。不仅苹果超越了“诺基亚们”，在谷歌推出通用、开源的手机操作系统“安卓”之后，以华为和小米为代表的新一批手机制造商开始崛起，并最终成为新时代的佼佼者。

还记得“摩尔定律”吗？技术就是这样快速地更新换代，如果不能跟上时代的脚步，新的变革将会无情地淘汰从业者。诺基亚积累了几十年的移动通信技术和经验，也在一瞬间变得毫无用途，因为时代变了。在 3G 时代，“打电话”已经变得没那么重要了，重要的是无线上网。到了 4G（第四代移动通信）时代，移动设备已经可以通过互联网进行即时语音和视频通信，通过移动设备上网的通信量甚至超过了通过个人计算机上网的通信量。

4G 时代的手机

太空竞赛

尤里·加加林

1961 年 4 月 12 日，是全人类的历史性时刻。当天上午，苏联宇航员**尤里·加加林**登上了耸立在拜科努尔航天发射场的东方一号宇宙飞船。9 点零 7 分，火箭点火发射，飞船奔向预定轨道，加加林在完成环绕地球一周的航行后，成功跳伞着陆。虽然加加林的整个太空旅行只持续了 108 分钟，中间还遇到了不少小问题，但是这次飞行意义非凡，它标志着人类第一次进入了外太空。

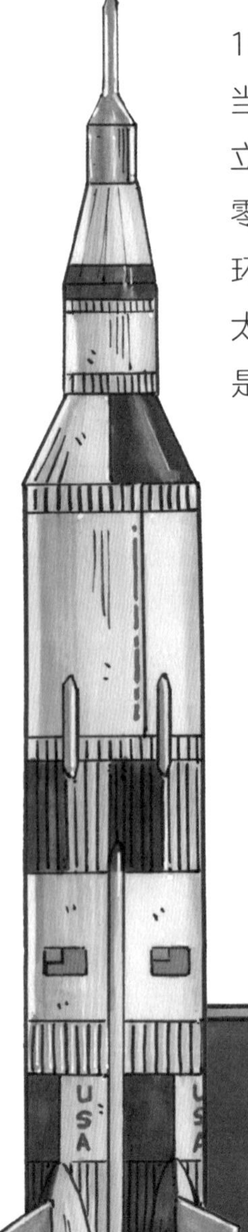

美国人也不甘示弱，1961 年，美国总统约翰·肯尼迪雄心勃勃地宣布了一个雄伟的航天计划——10 年内完成人类登月。这个计划以太阳神的名字命名，也就是著名的“阿波罗计划”。在该计划中，火箭的总设计师是冯·布劳恩。

登月远比载人进入外太空难得多，这需要火箭技术和信息技术的革命。在火箭方面，冯·布劳恩成功地设计了人类迄今为止最大的火箭“**土星五号**”，最终实现了将人类送上月球并且安全返回的梦想。

土星五号的长度超过一个足球场，第一级火箭的推力高达 3.4 万千牛顿，这是人类有史以来制造的最大的发动机，这个纪录一直保持至今。

从 1961 年肯尼迪宣布实施**登月计划**，到 1969 年阿波罗 11 号将阿姆斯特朗等 3 人成功送上月球并安全返回，中间仅仅相隔 8 年时间。

相比美国，苏联的登月计划进行得非常不顺利。1966 年，苏联航天之父科罗廖夫积劳成疾，不幸去世。两年后，作为苏联宇航旗帜的加加林也在一次飞行训练中因意外空难身亡。而由于受制于苏联的综合工业水平，科罗廖夫设计的登月火箭 N1 的发射计划一直被推迟。1969 年之后，虽然有 4 次发射，但都失败了。最终，苏联放弃了这个计划。

美苏太空竞赛也产生了很多正面结果。一是让人类飞出了地球，实现了人类远行的飞跃。二是极大地促进了科技的进步，产生了很多今天广泛使用的新技术、新材料。我们今天使用的很多东西，比如数码相机使用的 CMOS（互补金属氧化物半导体）传感器，最初都是为太空探索的需要而发明的。

在信息时代，人类在探索外部世界的同时，也在试图搞清楚一个问题：我们是谁，为什么我们和自己的父母长得很像？而在人类之外，为什么种瓜得瓜，种豆得豆，动物是龙生龙、凤生凤？这个困扰了人类上万年的问题，终于在 20 世纪有了答案。

从豌豆杂交开始的基因技术

“遗传”和“基因”这两个词对今天的人来说再普通不过了，哪怕我们不能准确地说出它们的定义，但在媒体上多次出现后，我们也大致了解这两个词汇所表达的意思。然而退回到 100 多年前，人们虽然能看到遗传现象，也注意到一些遗传规律，比如男性色盲人数要比女性多得多，但并不明白遗传是怎么回事，更不明白物种为什么能继承父辈的很多特征。

孟德尔发现遗传定律

最早试图回答这些问题的，是 19 世纪奥地利的教士孟德尔。孟德尔从年轻时起就是神职人员，他坚信上帝创造了我们这个丰富多彩的世界，但是同时，他怀着一颗无比虔诚的心，试图找到上帝创造世界的奥秘。

29 岁那年，孟德尔进入了奥地利最高学府维也纳大学，全面且系统地学习了数学、物理学、化学、动物学和植物学。31 岁时，他从维也纳大学毕业并返回修道院，随后被派到学校教授物理学和植物学，在 14 年的授课时间里，孟德尔进行了著名的豌豆杂交实验。

孟德尔选用豌豆做实验主要有两个原因。首先，豌豆有很多成对出现、容易辨识的特征。比如从植株的大小上看，有高、矮植株两个品种；从花的颜色来看，有红、白两种；从豆子的外形看，有表皮光和表皮皱两种。其次，豌豆通常是自花受精，也叫闭花授粉，不易受到其他植株的干扰，因此品种比较纯，便于做实验比较。

孟德尔在几年时间里先后种了 28000 株豌豆，做了很多实验，发现了两个遗传学规律。首先，决定各种特征的因子（当时他还不知道“基因”这个概念）应该有两个，而不是一个，其中一个是显性的（比如红花），另一个是隐性的（比如白花），这被他称为“**显性原则**”。在授粉时，每一亲体分离出一个因子留给后代。对后代而言，只要有一个是显性的红花因子，它就呈现出红花的特性，而白花的因子是隐性的，只有两个隐性白花因子在一起的时候，它才呈现白花的特性。

在第一代杂交时，孟德尔使用纯种红花豌豆与纯种白花豌豆实验，得到的第二代豌豆花全都是红色，因为它们的遗传因子都是一显性与一隐性的组合。而用第二代豌豆继续繁衍第三代的时候，就出现了 1/4 的白花豌豆，因为这 1/4 的遗传因子是两个白花的隐性因子。由于两个遗传因子在繁殖时要分离，这个规律也被称为遗传学的“**分离定律**”。

其次，孟德尔还发现，如果将豌豆植株按高矮和颜色两个特性进行混合杂交实验，结果豌豆的多种遗传特征彼此之间没有相互影响，也就是高矮与红白花之间没有联系，他把这个发现称为“**自由组合定律**”。

分离和自由组合定律

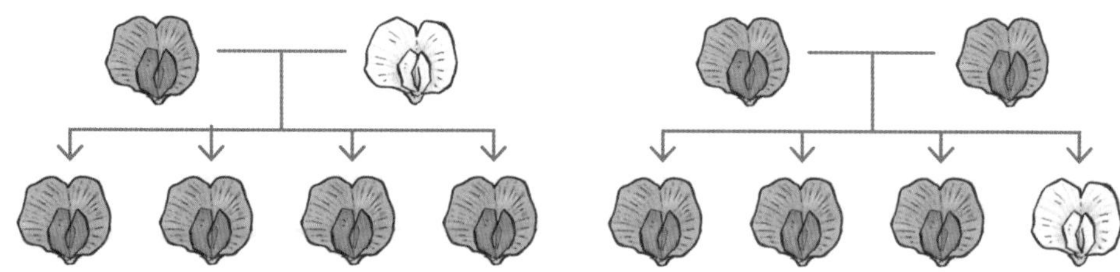

孟德尔还做了类似的动物实验，可能并不成功，也没有留下什么有意义的结果。在动物实验中证实孟德尔的理论，并且由此建立起现代遗传学的是美国科学家摩尔根。

在摩尔根的时代，很多生物学家都试图在动物身上验证孟德尔的理论，但是都不成功，其中一个重要原因是实验对象没有选好。大家尝试用老鼠做实验，结果杂交得到的后代五花八门，大家不禁质疑孟德尔实验结论的普遍性，摩尔根也在其列。

不过摩尔根意识到，可能是老鼠的基因情况比较复杂，而非孟德尔的理论出了错。于是他改用基因简单的果蝇做实验，果蝇这种小飞虫两个星期就能繁殖一代，而且只有 4 对染色体，因此直到今天都是做实验的好材料。但是果蝇不像豌豆那样特征明显，要在小小的果蝇身上找到可对比的不同特征并不容易。摩尔根通过物理、化学和放射等各种方式，经过两年的培养，终于在一堆红眼果蝇中发现了白眼果蝇，从此开始进行**果蝇杂交实验**，并证实了孟德尔的研究成果。

不同性状的果蝇

随着对后来一系列果蝇遗传突变的研究，摩尔根首先提出了“伴性遗传”的概念，即在遗传过程中的子代部分性状总是和性别相关，例如

色盲和血友病患者多为男性。发现伴性遗传后，摩尔根经过进一步研究发现了基因的连锁和交换。

一个生物的基因数目是很大的，但染色体的数目要小得多。以果蝇为例，它只有 4 对染色体，而当时经摩尔根发现和研究的果蝇基因就有几百个，因此一条染色体上存在着多个基因。基因连锁的意思是，在生殖过程中，只有位于不同染色体上的基因才可以自由组合，而同一染色体上的基因应当是一起遗传给后代，在表现上就是有一些性状总是相伴出现，它们组成一个连锁群。

在发现基因连锁的同时，摩尔根还发现，同一连锁群基因的连锁并不是一成不变的，也就是说，不同连锁群之间可能发生基因交换。此外，他还发现在同一条染色体上，不同基因之间的连锁强度也不同，距离越近则连锁强度越大，越远则发生交换的概率越大。后来，人们把摩尔根的这个理论称为基因的连锁互换定律。摩尔根不但成功地解释了困扰人类几千年的伴性遗传疾病问题，而且最终建立起了完善的现代遗传学理论。

摩尔根开创了现代遗传学，却也给后世留下了一系列谜团：基因到底是由什么构成的（或者说它里面的遗传物质是什么）？它的结构是什么样的？是什么力量让它能够连接在一起，在遗传时又为什么会断开？基因又是怎么复制的……

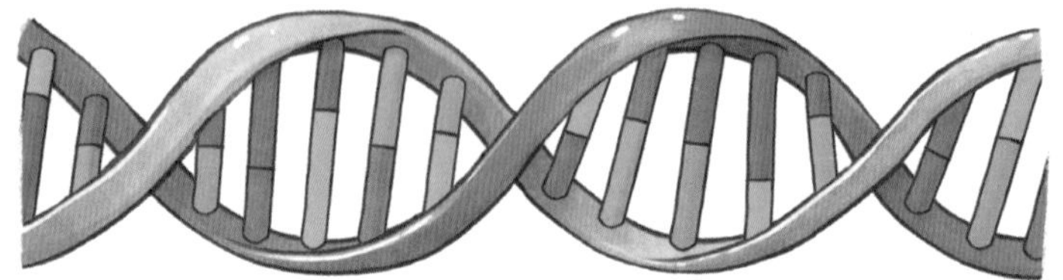

DNA 双螺旋结构

基因里面的遗传物质是由 DNA 构成的，人类从观测到 DNA 到确定它为基因的遗传物质并搞清楚它的结构，花了将近一个世纪的时间。

1869 年	1929 年	1944 年	20 世纪 40 年代末到 50 年代末	1962 年
一位瑞士医生就在显微镜下观测到细胞核中的 DNA，“核酸”一词因此得名。	美国俄裔化学家莱文提出了关于 DNA 的化学结构的一些假说，比如 DNA 包含 4 种碱基、糖类以及磷酸核苷酸单元。	洛克菲勒大学（当时叫洛克菲勒医学院）的三名科学家埃弗里、麦克劳德和麦卡蒂证实 DNA 承载着生物的遗传因子，并且分离出纯化后的 DNA。	科学家发现了 DNA 的结构，发明了利用限制酶切割 DNA 的技术，发现了 RNA（核糖核酸）的结构以及 DNA-RNA 杂交的机制。	沃森、克里克和威尔金斯因为发现 DNA 的分子结构而获得诺贝尔生理学或医学奖。

了解了 **DNA 的分子结构**，不仅使人类破解了生物遗传的奥秘，而且有助于解决很多医学、农业和生物学领域的难题。

第十章

未来世界

21 世纪仅仅过完了 1/5，接下来，科技会取得什么样的重大突破呢？哪些梦想会成为现实呢？

到 2100 年的时候，人类可以活到 200 岁吗？人类可以走出太阳系，进行星际穿越吗？什么新能源会取代石油？今天的我们无法给出肯定或否定的回答，就像 100 年前的人们想象不到现在世界的样子。不过，我们可以继续沿着能量和信息的思路，去寻找一丝未来的曙光。

人类可以编辑基因吗

人类通过修复基因治疗疾病的想法，其实早在 20 世纪 70 年代就有了。但是，这个问题实在太复杂了，直到 20 年后的 90 年代才被批准临床实验。在接下来的 10 年里，全世界陆续有少量的临床实验获得成功，比如 1993 年美国加州大学洛杉矶分校的科恩教授利用基因修复技术治疗了一个先天没有免疫功能的婴儿。这个小孩因为基因缺陷，免疫系统的发育不完善，如果不救治，很快就

会死亡。科恩的办法是将一种病毒作为工具，用一段正常的基因替代小孩**干细胞**中错误的基因，然后得到正常的干细胞，再将这种干细胞注回小孩的体内。这个小孩从此就有了免疫力，但是 4 年后，他的免疫力又消失了，需要再来一遍。到 2000 年，全世界一共有 2000 例基因修复，有些成功了，但很多并不成功。

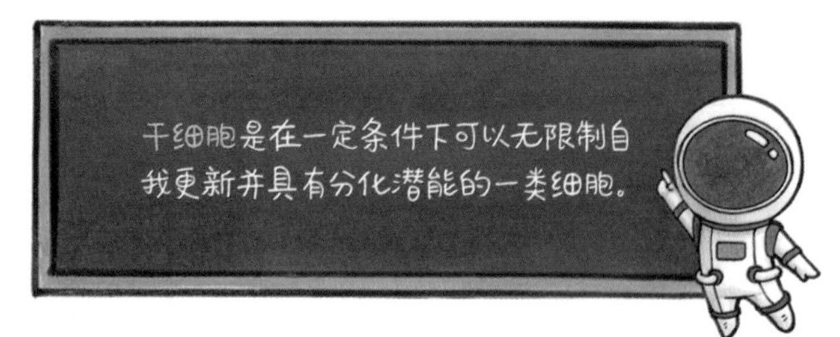

2000 年后的 10 年里，基因修复的临床实验进展非常缓慢，很重要的原因是 1999 年一系列临床实验都失败了。科学家意识到，基因修复远比想象的复杂得多。这一年，医生给一个名叫基尔辛格的青年人做了基因修复。基尔辛格缺乏一种消化酶，使得他体内的氨气无法排出，时间长了会中毒，因此只能吃低蛋白的食物，并且要定期服药。医生将带有正确基因的病毒注入基尔辛格体内，他有基因缺陷的肝脏细胞倒是得到了修复，但是不该被影响的**巨噬细胞**却被感染了。巨噬细胞是重要的免疫细胞，基尔辛格的整个免疫系统失控，很快便死亡了。

巨噬细胞

2012 年，事情有了转机，欧洲成功地用基因修复技术治好了一些罕见的疾病。2017 年，使用基因编辑技术治疗癌症的临床实验再次被批准。

今天，最为成熟的基因编辑技术是 CRISPR-Cas9 技术。这项技术其实是人们在细菌和古菌身上发现的一种免疫系统，当病毒入侵细菌体内，并试图做坏事的时候，这个系统就会启动，把病毒的 DNA 从自己身上切除。而 Cas9 是 CRISPR 用来切掉目标 DNA 的工具，是一种酶。

既然 CRISPR-Cas9 本身具有切除和修复基因的功能，其原理是否可以用于人类和动物基因的修复呢？

2010 年，詹妮弗・杜德纳、埃马纽埃尔・夏彭蒂耶和美籍华裔科学家张锋各自开始独立探索利用 CRISPR-Cas9 进行基因编辑。其中，杜德纳和夏彭蒂耶获得了 2015 年突破奖中的生命医学奖，而张锋的工作在 2013 年被《科学》杂志评为当年十大科技突破之首。

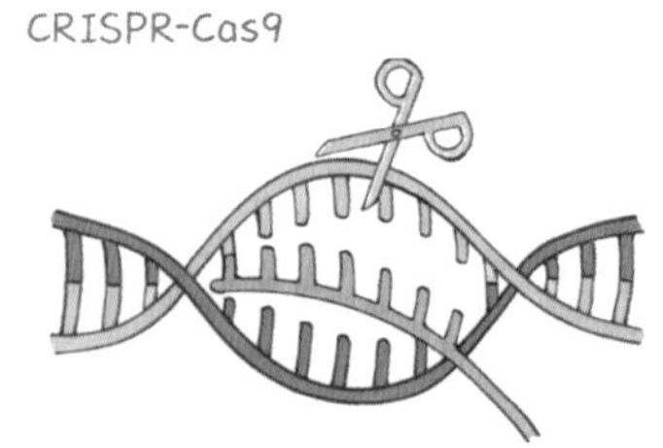

随着对自己的基因越来越了解，我们就越来越能够把握自己的未来，比如容易得糖尿病或者某种癌症的人，及早防治，就会有效地延长生命。至于何时能够通过修复 DNA 治疗疾病，现在还处于临床阶段，但是在 10~20 年内这项技术应该有比较广泛的应用。

掌握可控核聚变还要多久

1964 年，苏联天文学家尼古拉・卡尔达舍夫提出了一种划分宇宙中文明等级的方法，即以各文明掌握不同能量等级为标准，从低到高排列，

具体如下：

I型文明

掌握文明所在行星以及周围卫星能源的总和。

II型文明

掌握该文明所在的整个恒星系统（太阳系）的能源。

III型文明

掌握该文明所在的恒星系（银河系）里面所有的能源，并为其所用。

显然，人类连 I 型文明也没达到，因为人类还未控制地球上能够产生的最大的能量——核聚变。

早在 1905 年，爱因斯坦就指出，人类获取能量的终极方法，就是将物质转化成能量。在获取能量方面，比核裂变（原子弹和现有核电站使用的原理）更有效的是**核聚变**。核聚变的原理和太阳发光的原理相同，它是将原子量小的元素快速碰撞，变成原子量较大的元素。在这个反应中，因为有质量的损失，所以将产生巨大的能量。

核聚变比核裂变更有优势。首先，在同等质量下，核聚变所产生的能量比核裂变高出上百倍，这也是氢弹的威力比原子弹高出上百倍的原因。其次，核聚变所需的材料氘和氚在海水中广泛存在，一升海水中的氘和氚如果完全发生核聚变反应，释放的能量相当于 300 升汽油的能量，这种能量几乎取之不尽、

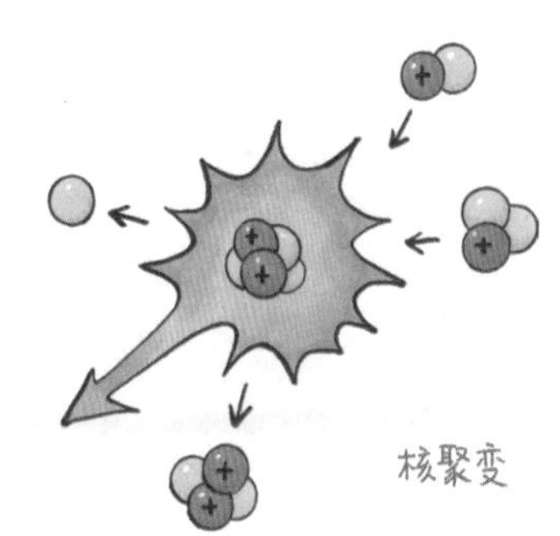
核聚变

用之不竭。相反，用于核裂变的放射性元素在地球上的含量很有限。最后，因为核聚变反应没有放射性，因此更安全，而现在的核电站一旦发生事故，泄露出的核废物是非常危险的。但遗憾的是，发明氢弹已经过去近 70 年，人类依然没有能力控制核聚变反应。

核聚变反应需要几百万摄氏度的高温。在这样的温度下，没有任何容器可以“盛”得住参加反应的物质。因此，虽然人类知道地球上最多的能量所在，但就是无法利用。

我们都知道，物质有三态：固态、液态和气态。其实，当物质的温度高到一定程度后，就会处于第四种状态——**等离子态**，这时电子基本上和原子核分开，处于游离状态的原子核就可以互相接近，开始核聚变反应。如果能产生出高温的等离子体，它们就可以发生核聚变反应。

至于怎么才能盛得住这样高温的物质，英国物理学家、诺贝尔奖得主乔治·佩吉特·汤姆森在 1946 年提出，利用箍缩效应使等离子体离

根据电磁感应原理，电流会在其周围空间建立磁场，使得相互平行的载电导体或者带电粒子束相互吸引。若载电导体是液体或等离子体，则由于离子的运动所产生的磁场可使导体产生收缩，犹如其表面受到外来力，产生向内的压力。导体的这种收缩称为“箍缩效应”。

开容器壁，并加热到热核反应所需温度来实现可控核聚变反应。再后来，著名物理学家塔姆和萨哈罗夫提出，在环形等离子体中通以巨大电流，所产生的强大的极向磁场和环向磁场一起形成一个虚拟的容器，可以将等离子体约束在磁场内部。根据这个原理，物理学家发明了一种被称为**托卡马克**的可控核聚变装置。

然而，托卡马克消耗的能量非常巨大，目前所有的托卡马克装置都是得不偿失。不过好消息是，产生能量和消耗能量的比值（被称为 Q 值）在不断上升，也就是说，科学家可以用更少的电能产生出更多的核能。

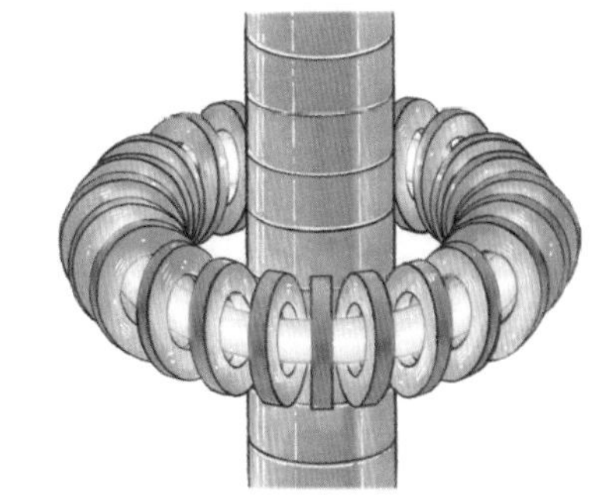

托卡马克原理

在核聚变反应产生的能量中，大约有 1/5 可以利用，也就是说，Q 值必须大于 5，消耗的能量和获得的能量才平衡。再考虑到能量转换中的损失，国际上公认的能量收支平衡点 Q 必须达到 10 以上。而要使得核聚变发电具有商业竞争力，则 Q 值需要达到 30。因此，目前实验阶段的可控核聚变和实用相去甚远，乐观的估计还需要 30~40 年的时间。

你听说过量子通信吗

在通信方面，人类的探索也同样艰难。

在通信环节中，数据的丢失无外乎发生在两个地方，即数据源和传输过程中。即使能够保证数据安全地存取，不被盗用，是否也能保证在传输过程中不被截获呢？换一种问法，是否存在一种从理论上说无法被破译的密码呢？

如果我做错了什么，
请让法律惩罚我，
而不是用密码折磨我。

信息论的发明人香农早就指出，一次性密码从理论上说是永远安全的。但是，如何准确地将这个信息传递给接收方，是个很值得重视的问题。如果传输出现错误，加密就无从谈起了。

近年来，比较热门的量子通信技术一直在试图解决上述问题。

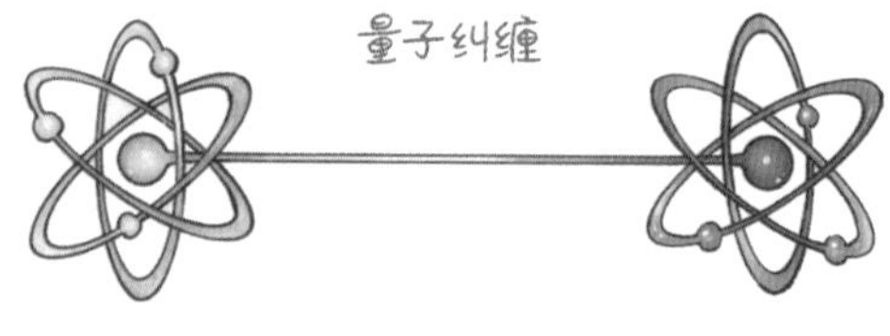

量子纠缠

量子通信的概念来自量子力学中的**量子纠缠**，即一对纠缠的粒子，其中一个状态改变时，另一个状态也会改变。利用这种特性可以进行信息传播。但是这仅仅在很有限的实验里被证实，离应用还很远。

今天所说的量子通信实际上是另一回事，它是一种特殊的激光通信，这种通信是利用光子的一些量子特性（具体来说是**偏振**的特性），来

光的振动面只限于某一固定方向的，叫作平面偏振光。简单来说，偏振光就是一种“有方向”的光，只有从特定方向看才能看到。在生活中，我们可能见过某些液晶屏幕，只能从正面看到显示的内容，侧面就看不到了，这就是应用了偏振光的原理。

传递一次性加密的密码。当通信双方有了共同的一次性密码，而又不被第三方知道，可靠的加密通信就实现了。这个过程也被称为量子密钥分发，其原理是利用光子的偏振方向进行信息传递。在传递的过程中，发送方和接收方通过几次通信彼此确认偏振光方向的设置，实际上相当于双方约定好了一个密码，而这个密码只使用一次。

接下来就是通过调整偏振光的方向发送加密信息，而接收方在接收到信息后，则用约定好的密码解码。

量子通信的概念早在 20 世纪 80 年代就被提了出来，上述量子密钥分发协议也被称为 BB84 协议，其中 84 代表协议最后定稿的时间。从 2001 年开始，美国、欧盟、瑞士、日本和中国先后开始了量子通信的研究，通信的距离从早期的 10 千米左右发展到了今天的 1000 多千米。但是，要想进行远距离、高速度的通信，还有很长的路要走，离应用至少还有 10 年甚至更长的时间。

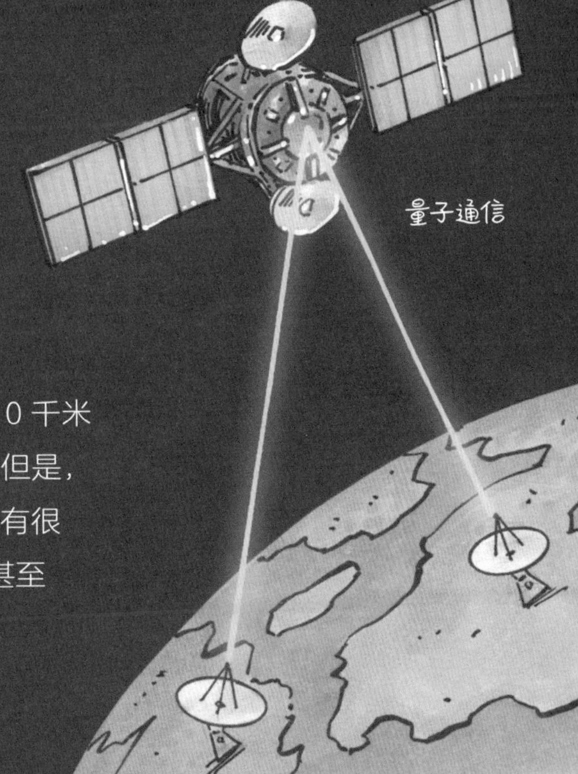
量子通信

未来会是什么样

对于 21 世纪的科技发展，我们唯一能够准确预言的就是它的进步速度和成就的数量要远远高于 20 世纪。人类通常会高估 1~5 年的科技进步速度，而低估 10~50 年的发展水平。21 世纪会有很多今天尚在萌芽阶段，甚至还没有出现苗头的科技成就，我们无法将它们一一列举出来，毕竟生活在今天的人很难想象未来的世界。不过，从我们今天的需求出发，根据今天已有的技术积累，沿着能量和信息所提示的方向，我们至少可以看到下面一些比较重要的研究领域。

第一，信息技术器材的新材料。

在过去的半个多世纪里，人类的发展在很大程度上依赖于半导体技术的进步，或者说是“摩尔定律”在发挥作用。同样的能耗，人类可以让计算机处理和存储更多的信息。

但是，随着半导体集成电路越来越复杂，它消耗的能量在逐渐增加。今天，同样体积的半导体芯片消耗的能量已经超过了核反应堆。这些能量并不全消耗在计算上，大多数变成了无用的热量。同时，为了给小型计算机设备降温，又需要耗费额外的能量。今天，能耗已经成为信息技术发展的瓶颈，对此，我们每一个使用**手机**的人都有体会。

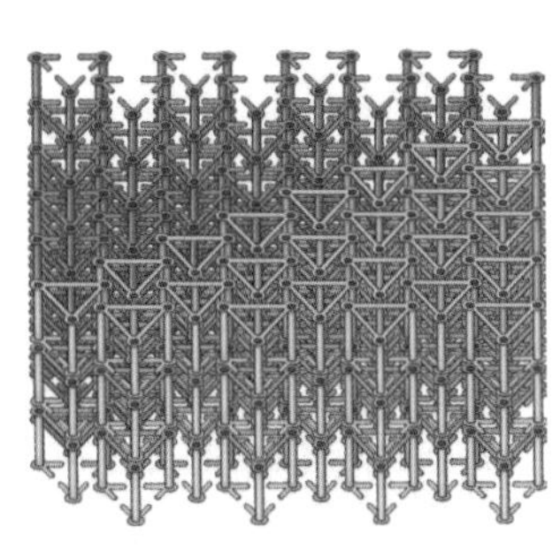
拓扑绝缘体

要解决这个问题，沿用今天的技术是办不到的，需要有革命性的新技术。在诸多未来的新技术中，可以分为开源和节流两类。开源技术包括使用能量密度更高的供电设备，比如电极距离非常近的纳米电池；而在节流方面，几乎不用能量的**“拓扑绝缘体”**可能成为未来信息技术的新载体。这是一种表面呈现超导特征，而内部是绝缘体的新材料。

戴维·索利斯

邓肯·霍尔丹

迈克尔·科斯特利茨

2016 年的诺贝尔物理学奖就被授予了在拓扑绝缘体领域研究的三位物理学家：**戴维·索利斯**、**邓肯·霍尔丹**和**迈克尔·科斯特利茨**。当然，找到制作这种材料的方向，并且将它们用于产品，还有很长的路要走。

第二，星际旅行。

2018 年 2 月，美国太空探索技术公司（SpaceX）的**重型猎鹰运载火箭**成功发射，让很多人又一次燃起了登陆火星的激情，关心科技的中国读者都在热议这一话题。

人类探索太空的意义非常重大，除了满足好奇心，还需要为人类找到备用的家园。但是，星际旅行对人类自身来讲是难以完成的任务，因为在地球上演化了上百万年的人类并不适合长期在太空生活，就算移民到条件和地球很相似，离地球距离不算太远的火星，都不是一件容

载人火星飞行

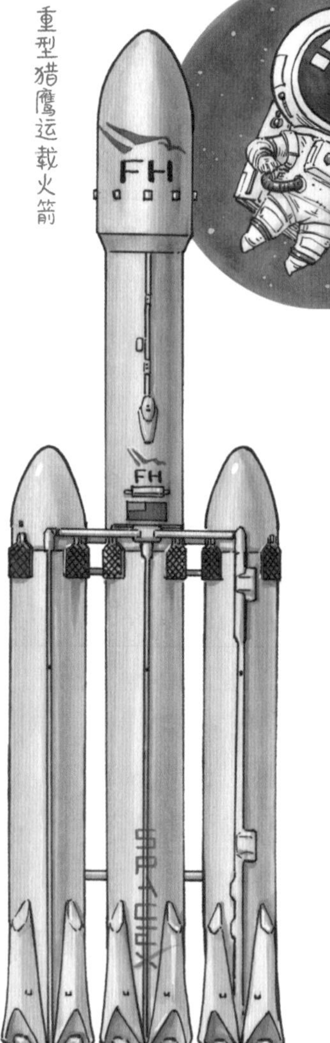

重型猎鹰运载火箭

易的事情。按照阿波罗计划的思路进行**载人火星飞行**是不现实的，人类必须在能量利用和信息利用上有质的飞跃，才能完成这个任务。

早在完成阿波罗计划之后，冯·布劳恩就考虑过使用核动力火箭进行登陆火星的探索，并提出了名为 NERVA（nuclear engine for rocket vehicle application）的火星计划，很多技术都已实验成功，但是由于成本太高而被美国总统尼克松否决了。后来，远程通信、人工智能和**机器人**技术进一步发展，很多原本需要人完成的任务可以交给机器人了，比如火星的早期探测。如果人类在未来真的会亲自到火星探索，就需要先搭建供人类居住的火星站，这件事也将交给机器人去完成。

火星探索

第三，人造光合作用。

如果人类想在火星或者其他没有生命的星球上长期生存，就需要解决食品问题，而从地球上运输食品并不是个好主意。今天，技术能够实现的一个解决办法就是通过**人造光合作用**，在纳米催化剂的作用下，利用太阳光直接将水和二氧化碳，合成出淀粉等碳水化合物和氧气。这项技术的可行性在已经在几个实验室里得到证实，而且人工光合作用的能量转换率可以达到植物光合作用的 10 倍左右（分别为 10% 和 1%）。这项技术不仅可以为太空旅行的人类提供能源和食物，也能彻底解决因二氧化碳含量上升引起的全球气候变暖问题，还能够提供人类所需的能源。

很多人觉得太阳的能量强度不够，这其实是一个误解。太阳能到达地球大气层的总功率大约是 170 拍瓦，相当于 800 万个**三峡水电站**的发电能力。到达火星表面的太阳能总功率也高达 20 拍瓦，对人类生存所需来说，这些能量是绰绰有余的，关键是如何利用那些能量。

第四，延缓衰老。

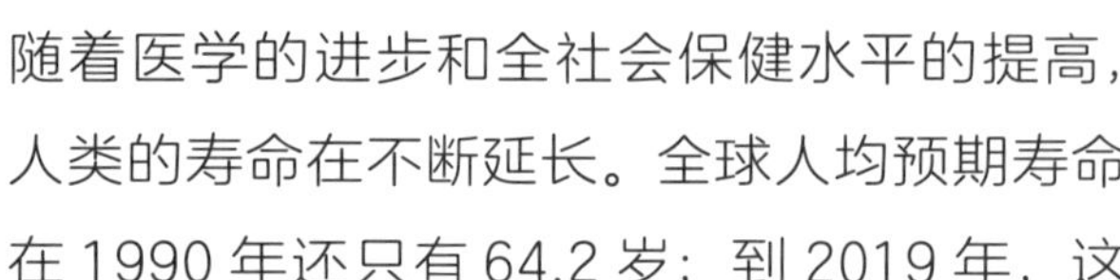

随着医学的进步和全社会保健水平的提高，人类的寿命在不断延长。全球人均预期寿命在 1990 年还只有 64.2 岁；到 2019 年，这个数字已经增加到 72.6 岁；到 2050 年，这个数字很可能会继续增加到 77.1 岁。而仅仅在半个世纪之前，世界人均寿命还只有 55 岁左右，发达国家也没有超过 70 岁。由此可见，人类平均寿命增长之快，又让人们对人类未来的寿命有了更高的期许。

今天，很多人一直有这样一个疑问：如果我们能够编辑自己的基因，是否能够长生不老呢？对于这个问题，简单的回答是：完全没有可能。

人类人均寿命提高之后，另一个大问题就是会出现：大量与衰老相关的疾病。在过去的 10 多年里，导致美国人死亡的前 4 种疾病中，心血管疾病、癌症和中风这三类疾病的死亡率都在下降，唯独和衰老相关的疾病（诸如阿尔茨海默病）在上升。基因泰克公司前首席执行官、Calico 公司（谷歌成立的一家健康科技公司）现任首席执行官李文森博士认为，最有意义的事情，是找到那些导致人类衰老的原因，防止病变甚至修复一部分机能，让人能够健康地活到 115 岁，最好直到生命结束的前一天还非常健康。